DIQU DIANWANG
GUZHANGCHUZHI DIANXING ANLI HUIBIAN

地区电网
故障处置典型案例汇编

中国电力出版社
CHINA ELECTRIC POWER PRESS

内 容 提 要

本书由国网浙江省电力有限公司杭州供电公司电力调度控制中心编写。本书以多年来地区电网调控运行的实践经验为基础，旨在提高地区调控机构人员的业务技能，保证电网安全、优质、高效、经济运行。

本书对近年具有代表性和典型参考意义的电网故障案例进行了分析和总结。全书共 4 章，包括自然灾害或外力破坏、一次设备故障、二次设备或直流异常等引起的电网故障案例。

本书可为地区电网调控机构人员专业调考、技能提升的学习用书，也可作为电力行业其他专业乃至社会各界了解电网调控运行知识的参考书。

图书在版编目（CIP）数据

地区电网故障处置典型案例汇编 / 中智人力资源管理咨询有限公司组编 . —北京：中国电力出版社，2020.12（2021.9 重印）

ISBN 978-7-5198-4285-7

Ⅰ．①地… Ⅱ．①中… Ⅲ．①电网－故障－案例－汇编 Ⅳ．① TM7

中国版本图书馆 CIP 数据核字（2020）第 193610 号

出版发行：中国电力出版社
地　　址：北京市东城区北京站西街 19 号（邮政编码 100005）
网　　址：http://www.cepp.sgcc.com.cn
责任编辑：陈　硕
责任校对：黄　蓓　郝军燕
装帧设计：郝晓燕
责任印制：吴　迪

印　　刷：三河市万龙印装有限公司
版　　次：2020 年 12 月第一版
印　　次：2021 年 9 月北京第二次印刷
开　　本：710 毫米 ×1000 毫米　16 开本
印　　张：6.75
字　　数：91 千字
定　　价：33.00 元

《地区电网故障处置典型案例汇编》
编 委 会

近年来，随着地区电网快速发展、规模不断扩大，电气设备和技术日新月异，电力系统特性日趋复杂，电网运行新矛盾、新问题不断涌现，给当前电力系统安全稳定运行带来新挑战，也对电网调控运行提出了更高的要求。为了提高调控运行等生产人员对电网故障的认知能力，国网杭州供电公司电力调度控制中心组织编写了《地区电网故障处置典型案例汇编》，供从事地区电网安全生产工作的人员学习、借鉴。

本书列举了近几年本地区电网具有代表性和典型参考意义的电网故障案例，并进行了总结和分析。本书从自然灾害或外力破坏、一次设备故障、二次设备或直流异常引起的电网故障，以及其他类型故障等多类型案例中进行精选，根据不同类型的案例总结电网故障发生的规律和特点，详述设备故障的现象，认真汲取相关教训，总结相关经验，有针对性地提出应对措施，对加强和规范电网安全管理工作，提高故障抵御水平，促进电网安全稳定运行具有重要意义。

书中如有疏漏之处，敬请读者批评指正。

编者

2020 年 10 月

目录

第1章 自然灾害或外力破坏引起的电网故障

1.1 220kV主变差动保护范围内有异物飘落导致主变跳闸

1.1.1 概要

2017年7月26日22时1分，220kV A变电站1号主变压器（简称主变）110kV侧B相避雷器受站外漂浮物（孔明灯）影响发生B相接地故障，1号主变差动保护动作跳开1号主变三侧断路器。110kV母联备用电源自动投入装置（备自投装置）未动作，110kV母联断路器未合闸。35kV备用电源正确动作，合35kV母线分段断路器（简称母分），未损失负荷。

1.1.2 故障前运行方式

故障前220kV A变电站主接线如图1-1所示，220kV双母线接线，并列运行；110kV双母线接线，分列运行，110kV备用电源投入；35kV单母线分段接线，分列运行，35kV备用电源投入。图1-1中开关设备图形符号及其含义见表1-1。文中相同符号含义同表1-1，后文不再赘述。

1.1.3 故障概况

2017年7月26日22时1分，220kV A变电站1号主变差动保护动作，跳开1号主变三侧断路器，A变电站35kV备用电源正确动作，35kV未失电，110kV备用电源未动作。

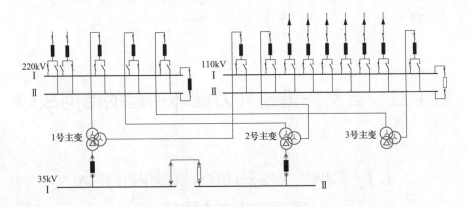

图 1-1　故障前 A 变电站主接线图

表 1-1 开关设备图形符号及其含义

图形符号	符号含义
▬▬■▬▬	断路器闭合状态
▬□▬	断路器断开状态
⟋	隔离开关闭合状态
⟋	隔离开关断开状态
«■»	小车式断路器运行状态
«□»	小车式断路器热备用状态
«»	小车式隔离开关（多用于 10、35kV 电压等级）

1.1.4　处置过程

22 时 1 分，监控席调控员发现监控系统推送"A 变 1 号主变差动保护动作""A 变 1 号主变 220kV 断路器分闸，110kV 断路器分闸，35kV 断路器分闸"等信息。调控员第一时间通知运维班人员至现场检查并将上述情况汇报调控值长。

调控值长立即启动故障应急响应预案，发送故障汇报短信，组织值内调控员有序地开展故障录波文件远程调取、工业视频系统检查、故障点判定、制订故障处置方案等各项工作。

调控员故障处置思路：

（1）根据监控信息 1 号主变差动保护动作，依据调度规程未查明原因前主变不可恢复送电。

（2）由于 A 变电站 1、3 号主变并列运行，1 号主变跳闸后是否导致 3 号主变重载。

（3）经查询整定单，判断 A 变电站 110kV 备自投装置未动作不正确，需现场查明原因。

（4）1 号主变跳闸后，造成 A 变电站 220、110kV 主变中性点失去，因隔离开关不具备遥控条件，待运维人员到达现场后立即恢复 3 号主变 110、220kV 主变中性点。

故障发生后，A 变电站 2 号主变 110kV、3 号主变 110kV 分别运行于 110kV Ⅱ、Ⅰ 段母线，110kV Ⅰ、Ⅱ 段母线分列运行；35kV 备自投装置正确动作，35kV 母线分段断路器合位，未失电。目前 A 变电站 35kV 系统处于单台主变供电方式，下送 35kV 线路均为企业用户电源，调控员第一时间告知大客户中心，由其通知各用户根据当前风险落实组织措施。

A 变电站备自投装置的动作逻辑为：在 1 号主变 110kV 断路器跳闸后，110kV 母联断路器应动作合闸，恢复 110kV 并列运行。本次故障 1 号主变 110kV 断路器跳闸后，110kV 备用电源未动作。此时若 2 号主变故障，则 110kV Ⅱ 段母线及 35kV 系统将失电；若 3 号主变发生故障，则 110kV Ⅰ 段母线将失电。现场检查 110kV 母联断路器无异常后，调控员优先考虑供电可靠性发令 A 变电站现场操作合上 110kV 母联断路器，110kV 母线恢复并列运行。

现场检查发现 1 号主变 110kV 侧 B 相避雷器有站外漂浮物（孔明灯）残骸，初步判断是漂浮物导致 1 号主变 110kV 侧 B 相接地故障；对主变及三侧断路器进行检查，均无异常，主变油化试验正常；更换 1 号主变 110kV 侧 B 相避雷器后，A 变电站 1 号主变试送成功，A 变电站恢复正常运行方式。

检查 110kV 自投装置相关二次回路发现存在接线不正确问题，经修正，试验正确。

1.1.5 总结

1. 故障原因

（1）站外漂浮物（孔明灯）飘至 A 变电站 1 号主变 110kV 侧 B 相避雷器上，发生 B 相接地故障，1 号主变差动保护范围内，差动保护正确动作，跳开 1 号主变三侧断路器。

（2）110kV 主变过载联切及备自投装置未动作原因。

110kV 主变过载联切及备自投装置外表"动作"灯亮，内部动作报告显示（保护装置时间对时不准，较实际时间慢 2min 左右）：

21：58：18：805　01 1 号主变跳闸　00005ms

21：58：18：805　02 跳 1 号主变 110kV 断路器　00001ms

21：58：18：805　03 1 号主变 110kV 动作出口　00005ms

从备自投装置动作报告可以看出，110kV 备自投装置启动，有跟跳 1 号主变中压侧断路器过程，但是没有合 110kV 母联断路器过程。

查看备自投装置开入情况显示：

21：58：18：861　1 号变 KTP（跳闸位置继电器）　0→1

21：58：18：874　1 号变 KCP（合闸位置继电器）　1→0

从备自投装置开入报告可以看出，110kV 备自投装置在 1 号主变中 110kV 断路器跳开后，有 1 号主变 110kV 侧 KCP 变位开入，导致备自投装置被闭锁，而没有合 110kV 母联断路器。

检查 110kV 主变过载联切及备用电源相关二次回路发现：110kV 主变过载联切及备自投装置跟跳 1 号主变中压侧断路器回路实际接线及图纸显示均接于 1 号主变 B 屏端子排手分回路，而正确接线应接于保护，在其跟跳 1 号主变中压侧断路器时，1 号主变中压侧断路器 KCP 动作（KCP 开入取自主变保护 B 屏操作箱），KCP 开入闭锁 110kV 主变过载联切及备自投装置，中断合 110kV 母联断路器。

2. 暴露问题

（1）A 变电站 1 号主变故障跳闸后，失去主变中性点接地点，使 A 变电站主变失去零序通路，零序保护有无法正常动作的风险。

（2）施工图质量有待改进，在例行检验过程中，未对实际接线和图纸进行核查，未能及时发现接线错误问题。

（3）试验中存在联动试验方法不得当或试验项目漏项。

3. 改进措施

（1）检修部门在前期施工图交底和审查阶段，应认真核对图纸，检查关键回路的正确性，特别是原理图的修改，确保原理图与二次接线图一致，同时积极和设计人员联系，及时补全缺少的图纸。

（2）对需要分阶段完成的联动试验，试验人员应编制测试方法，并附于施工方案中，随时提醒试验人员，使试验人员在联动试验时方法得当，试验项目完整。如有重要回路修改，应对整组试验重新进行联动试验。

（3）在例行检验过程中，应加强图实一致性核对，特别是对在当时停役条件下不具备联动的回路，应重点进行实际接线与接线图、原理图的一致性检查。

（4）加强调控员业务培训，并针对典型故障案例进行总结，确保在发生类似主变故障跳闸后，及时补充主变中性点接地点，避免主变失去零序通路、零序保护无法正常动作的风险。

1.2　雷电波从 110kV 线路侵入至 110kV 母线导致母线跳闸

1.2.1　概要

2018 年 7 月 4 日 12 时 38 分 8 秒，因前期对变电站带电开口断路器的雷击过电压防范措施评估不足，恰逢连续落雷点刚好处于未安装避雷器区段，220kV A 变电站 110kV L1 线断路器极柱因雷电波侵入击穿，同时断路器与电流互感器之间导线发生相间短路，A 变电站 110kV 母差保护动作后导致 110kV Ⅱ段母线失电。

1.2.2 故障前运行方式

220kV A 变电站：220kV 双母线接线，并列运行；110kV 双母线接线，并列运行；35kV 单母线分段接线，分列运行，35kV 备自投装置投入。故障前 A 变电站主接线如图 1-2 所示。

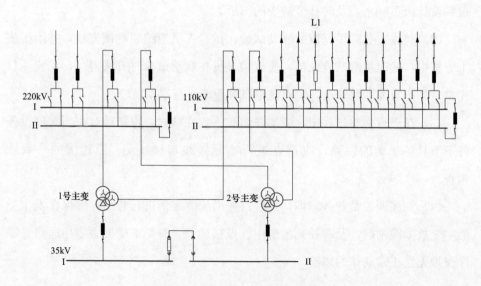

图 1-2 故障前 A 变电站主接线图

110kV L1 线 A 变电站Ⅱ段母线热备用，B 变电站运行。故障前局部电网潮流接线如图 1-3 所示。

1.2.3 故障概况

2018 年 7 月 4 日 12 时 38 分 8 秒，220kV A 变电站 110kV L1 线保护动

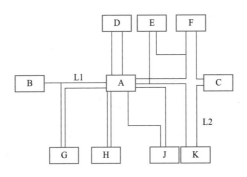

图 1-3 故障前局部电网潮流接线图

A～K—各变电站

作，12 时 38 分 9 秒，A 变电站 110kV 母差保护动作，2 号主变 110kV 断路器、110kV Ⅱ段母线所有出线间隔断路器、110kV 母联断路器跳闸，110kV Ⅱ段母失电。下送 110kV 变电站（D、E、F、G、H、J）备自投装置动作正确，均未失电。

2018 年 7 月 4 日 12 时 38 分 9 秒，B 变电站 110kV L1 线保护动作，断路器分闸，重合成功。

1.2.4 处置过程

12 时 38 分，监控席调控员发现监控系统推送"A 变 L1 线保护动作""A 变 110kV 母差保护动作""A 变 Ⅱ段母线所有出线断路器分闸""A 变 110kV 母联断路器分闸""A 变 2 号主变 110kV 断路器分闸""B 变 L1 线保护动作""B 变 L1 线断路器分闸""B 变 L1 线重合闸动作""B 变 L1 线断路器合闸"等信息。同时，通过监控系统发现 A 变电站 110kV Ⅱ段母线失电。调控员第一时间通知运维班人员至现场检查并将上述情况汇报调控值长。

调控值长立即启动故障应急响应预案，发送故障汇报短信，组织值内调控员有序地开展故障录波文件远程调取、工业视频系统检查、故障点判定、制订故障处置方案等各项工作。

调控员故障处置思路：

（1）根据监控信息"A变110kV母差保护动作"，110kV Ⅱ段母线所有间隔断路器分闸，检查相关变电站有无失电，是否存在主变、线路越限情况；

（2）考虑A变电站L1线热备用，但有保护动作信息，同时A变电站110kV母差保护动作，B变电站L1线故障跳闸重合成功，基本排除故障点在L1线路上，初步判断故障点位于A变电站L1线断路器母线侧，要求运维人员重点检查；

（3）待运维人员检查确认故障点后，将110kV Ⅱ母非故障间隔冷倒至Ⅰ母运行，恢复下送110kV变电站备用。

故障发生后，因A变电站2号主变压器110kV断路器跳闸，A变电站1号主变负荷迅速由9万kW升高至15.4万kW（A变电站1号主变额定容量为18万kW），1号主变重载。调控员将A变电站停电情况通知相关县调，要求加强监视A变电站下送110kV变电站负荷，具备转移条件的负荷迅速转移。为减轻A变电站1号主变负荷，调控员遥控操作将110kV K变电站全部调由220kV C变电站L2线送。

依据故障录波文件远程调取及工业视频系统检查分析得出结果：故障发生时正遇强对流天气，强雷侵袭电网的可能性很大。B变电站L1线、A变电站L1线保护均动作，B变电站L1线断路器跳闸并重合成功，A变电站L1线断路器正常热备用状态，保护最终无法出口，初步判断L1线遭受过雷击。A变电站L1线故障录波显示0～560ms期间发生C相单相故障，此时110kV Ⅰ、Ⅱ段母线C相电压明显比其他两相偏低。同时，110kV Ⅰ、Ⅱ段母线出现零序电压，可以判断此时A变电站L1线断路器C相存在导通情况，560～640ms期间故障扩大为B、C相相间故障，110kV Ⅱ段母线有明显增大的零序电压，110kV母差保护动作切除故障。该故障情况复杂，存在多处疑问，故障点未探明，故无法立刻对A变电站110kV Ⅱ段母线恢复送电。调控员根据以上分析内容，发令将A变电站L1线间隔改冷备用进行隔离。

B变电站现场运维人员汇报：12时38分B变电站L1线距离Ⅱ段、零序过流Ⅱ段保护动作，故障电流为3.87kA，故障零序电流为1.78kA，保护测距为22.1km，故障相别B、C相。

A变电站现场检查后发现L1线断路器C相支持绝缘子中段，以及断路器与电流互感器之间B、C相导线有放电烧灼痕迹。

故障点确认后，调控员发令现场用110kV母联对110kVⅡ段母线进行试送，试送情况正常。

A变电站110kVⅡ段母线上所有出线、2号主变压器110kV全部恢复送电，下送110kV变电站（D、E、F、G、H、J、K）均恢复正常运行方式。

1.2.5　总结

1. 故障原因

此次故障的发生存在多重原因，主要是L1线所处区域为强对流天气的频发地区，雷季期间多次受强雷侵袭。A变电站L1线路避雷器非电站型避雷器，未能有效抵御雷电波的侵袭。雷电波侵入后A变电站L1线断路器极柱击穿，断路器外绝缘放电，于是出现了断路器C相导通的现象。同时，雷电波的侵入引起A变电站L1线断路器与电流互感器之间B、C相导线放电，导线融化，导致110kV母差保护范围内发生故障，最终造成停电范围的扩大情况。

2. 暴露问题

（1）A变电站L1线长期安排冷备用作为正常方式，因考虑供电可靠性，经过初步排查后，将装有线路避雷器的A变电站L1线改为Ⅱ段母线热备用作为正常方式。运检部门在排查过程中未有效评估分析雷电波侵入对变电站带电开口断路器的运行影响及过电压防范措施，导致故障的扩大。

（2）L1线路多处已安装避雷器，但A变电站内未安装电站型避雷器，而本次连续落雷点刚好处于未安装避雷器区段，说明前期线路设计的防雷反措不够完善。

（3）因故障类型罕见，故障点分析及隔离的整个过程持续时间偏长。

3. 改进措施

（1）重新梳理明确若干联络线雷季运行方式，对存在风险的线路暂要求保持冷备用开口运行，后续落实站内加装电站型避雷器。

（2）本次故障显示 L1 线等线路所处地区雷害等级较高，虽然接地电阻测试显示满足运行要求，仍反映线路耐雷水平存在不足，后续将开展同区域线路雷害评估，并根据评估结果实施防雷整改，提高线路防雷水平。

（3）故障后运行主变发生重载时，应优先选用遥控的手段，简洁迅速调整运行方式，同时充分发挥重载主变下送区域水电机组快速顶峰的优势。

1.3 树枝触碰导线导致 110kV 重要供电线路多次跳闸

1.3.1 概要

2017 年 9 月 5 日 8 时 21 分及 11 时 48 分，某地区遭遇大风，该地区某地铁牵引站 C 变电站一条供电线路在树枝频繁碰线后多次跳闸并重合成功。

1.3.2 故障前运行方式

110kV L1 线运行于 220kVA 变 110kV Ⅰ段母线。

110kV C 变电站，采用典型内桥接线，L1 线送 1 号主变，L2 线送 2 号主变；110kV 母分热备用、备自投装置投入；35kV 母分热备用、备自投装置投入。故障前 C 变电站主接线如图 1-4 所示。

1.3.3 故障概况

2017 年 9 月 5 日 8 时 21 分，L1 线 A 相故障，220kV A 变电站 L1 线距离

Ⅰ段保护动作断路器跳闸，重合闸动作，重合成功。11 时 48 分，L1 线 B 相故障，220kV A 变电站 L1 线距离Ⅰ段保护动作断路器跳闸，重合闸动作，重合成功。

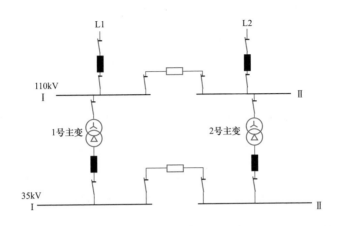

图 1-4 故障前 C 变电站主接线图

1.3.4 处置过程

8 时 21 分，监控席调控员发现监控系统推送"A 变 L1 线故障跳闸""A 变 L1 线断路器分位""A 变 L1 线重合闸动作""A 变 L1 线断路器合位"等信息，调控员第一时间通知运维人员至现场检查并将上述情况汇报调控值长。

11 时 48 分，监控席调控员发现监控系统推送"A 变 L1 线故障跳闸""A 变 L1 线断路器分位""A 变 L1 线重合闸动作""A 变 L1 线断路器合位"等信息，调控员第一时间通知运维人员并将上述情况汇报调控值长。

调控值长立即启动故障应急响应预案，发送故障汇报短信，组织值内调控员有序地开展故障录波文件远程调取、工业视频系统检查、故障点判定、制订故障处置方案等各项工作。

调控员故障处置思路：

（1）L1 线短时间内连续跳闸两次，且均重合成功，经调取故障录波发现，两次故障测距接近，考虑为 L1 线同一处发生故障；

（2）考虑 L1 线故障后电压沉降对地铁的影响，联系地铁调度，建议将 L1 线拉停。

依据故障录波文件远程调取及工业视频系统检查分析得出结果：8 时 21 分，L1 线 A 相故障，A 变电站距离Ⅰ段保护动作，故障点在距离 A 变电站 1.7km 处。L1 线为 C 变电站的其中一条供电线路，虽然线路发生故障后重合成功，但是考虑到 C 变电站下送负荷为重要敏感负荷，故障发生后，调控值长许可线路运维单位进行故障带电巡线工作，要求尽快查明线路跳闸原因。11 时 48 分，L1 线 B 相故障，A 变电站侧距离Ⅰ段保护动作，故障点在距离 A 变电站 1.6km 处。L1 线两次故障的发生地点非常接近，调控值长立即指挥线路运维单位快速到位，发现此处线路侧下方树枝有灼烧痕迹，将 L1 线停役，树枝修剪后隐患消除，L1 线恢复正常送电。

1.3.5　总结

1. 故障原因

故障发生时，该地区遭遇大风天气，线路侧下方的树枝在大风的影响下频繁摆动，与运行中的 L1 线 A、B 相导线分别触碰，引起对地放电。

2. 暴露问题

（1）线路运维单位在定期巡视过程中未发现附近树木对线路运行的影响，未能消除该类安全隐患。

（2）在重要供电线路发生跳闸故障后线路运维单位未及时安排巡线工作，未能及时排除故障点，导致线路发生第二次跳闸。

3. 改进措施

（1）强化提高线路运行风险及隐患的预防措施，减少外界因素对电网的影响。

（2）根据线路重要程度制订不同等级的巡线响应时效，尽量避免重要用户用电受影响。

1.4 雷电波从 35kV 线路入侵至 110kV 主变导致主变跳闸

1.4.1 概要

2018 年 6 月 30 日 22 时 53 分，110kV A 变电站下送 35kV L3 线路遭受雷击，该线路断路器跳闸并重合成功后，雷电波仍然进入至变电站内部，导致 2 号主变差动保护动作，造成 2 号主变失电。

1.4.2 故障前运行方式

110kV A 变电站，采用典型单母线分段接线，L1 线送 1 号主变，L2 线送 2 号主变，110kV 母分热备用，110kV 备自投装置投入；1 号主变 35kV 运行于 35kV Ⅰ 段母线；L3 线、2 号主变 35kV 运行于 35kV Ⅱ 段母线，35kV 母分热备用，35kV 备自投装置投入；1 号主变 10kV 运行于 10kV Ⅰ 段母线，2 号主变 10kV 运行于 10kV Ⅱ 段母线，10kV 母分热备用、10kV 备自投装置投入。故障前 A 变电站主接线如图 1-5 所示。

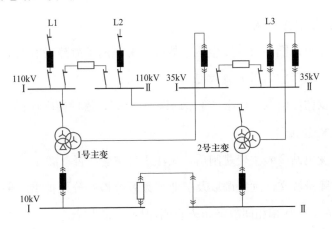

图 1-5 故障前 A 变电站主接线图

1.4.3 故障概况

2018 年 6 月 30 日 22 时 53 分，A 变电站 2 号主变差动保护动作，2 号主变 10kV 断路器、35kV 断路器、110kV 断路器跳闸，10kV 及 35kV 备自投装置动作，10kV 及 35kV 母线分段断路器合闸，未造成母线失电。

1.4.4 处置过程

22 时 53 分，监控席调控员发现监控系统推送"A 变 2 号主变差动保护动作""A 变 2 号主变 110kV 断路器分位，35kV 断路器分位，10kV 断路器分位""A 变 35kV 母分断路器合位""A 变 10kV 母分断路器合位"等信息。同时，通过监控系统发现 A 变电站 2 号主变失电，35、10kV 备自投装置动作正确，未造成母线失电。调控员第一时间通知运维班人员至现场检查并将上述情况汇报调控值长。

调控员汇报：在 A 变电站 2 号主变跳闸期间，下送 35kV L3 线同时发生故障，L3 线断路器分位，怀疑为遭受雷击。

调控值长立即启动故障应急响应预案，发送故障汇报短信，组织值内调控员有序地开展故障录波文件远程调取、工业视频系统检查、故障点判定、制订故障处置方案等各项工作。

调控员故障处置思路：

（1）A 变电站同一时间发生两个故障，考虑两个故障具有关联性，且当时为雷雨天气，故考虑为雷电波入侵；

（2）根据监控信息"2 号主变差动保护动作"，依据调度规程未查明原因前主变不可恢复送电；

（3）A 变电站 2 号主变跳闸后，关注 1 号主变是否重载。

依据故障录波文件远程调取及工业视频系统检查分析得出结果：A 变电站 2 号主变存在 A、B 相相间故障，未查明原因不得进行试送。将 A 变电站 2 号主变改为检修状态，许可现场运维人员进行检查处理。

1.4.5　总结

1. 故障原因

现场共存在两个故障点，分别是 L3 线线路 A、C 相相间故障，2 号主变 35kV 断路器柜 A、B 相相间故障。

6 月 30 日 22 时 53 分，第一次雷电直接击中 L3 线 9 号塔 A、C 相，导致线路 A、C 相相间短路，L3 线路过流保护跳闸后重合。同时，雷电波传至变电站内，导致 2 号主变 35kV 断路器柜内 A、B 相相间空气绝缘击穿，引发 2 号主变差动保护动作，10kV 及 35kV 备自投装置动作。

2. 暴露问题

A 变电站 35kV 及 10kV 设备运行均已超过 20 年，主变运行已达 25 年，设备老旧问题比较严重，因设备老旧导致绝缘老化情况，应加快设备改造进度。

3. 改进措施

(1) 尽快实施 A 变电站真空断路器柜改造项目。

(2) 在断路器柜改造之前，尤其是迎峰度夏期间，针对老旧设备加强巡视，加强红外测温与局部放电检测，保障设备安全运行、平稳过渡。

(3) 针对雷电频发地区的线路，增加线路避雷器，做好线路前端靠变电站侧的雷击过电压防范。

(4) 各检修单位应针对在运 GBC 断路器柜，结合综合检修，实施柜内 SMC 板更换及开大孔，母线及柜内母排加装热缩套，小爬距绝缘子及绝缘件更换等反措工作。

1.5　220kV 线路脱冰、导线舞动导致线路多次跳闸

1.5.1　概要

2018 年 1 月 30 日至 2 月 2 日，某地区受极端雨雪天气影响，局部山区线

路覆雪结冰，在天气回暖时因脱冰舞动，引发多条 220kV 线路先后出现相间短路跳闸的情况，导致 220kV 变电站整站全停或 220kV 部分全停。

1.5.2　故障前运行方式

220kV B 变电站，220kV 双母线接线，并列运行；110kV 单母线分段段接线，并列运行；35kV 单母线分段接线，35kV 母分热备用，35kV 备自投装置投入。故障前 B 变电站主接线如图 1-6 所示。

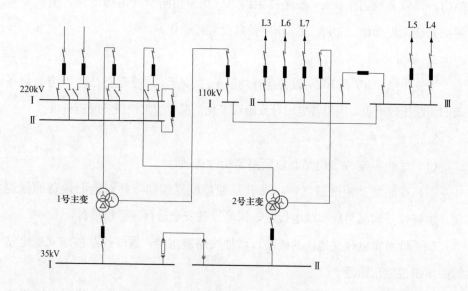

图 1-6　故障前 B 变电站主接线图

110kV L3、L5 线分别送 C 变电站 110kV Ⅰ、Ⅱ 段母线；110kV L4 线为 A 变电站与 B 变电站联络线路，并 T 接送 F 变电站 110kV Ⅱ 段母线；110kV L6 线送 E 变电站 110kV Ⅱ 段母线；110kV L7 线送 D 变电站。故障前局部电网潮流接线如图 1-7 所示。

1.5.3　故障概况

1 月 30 日 12 时 50 分，220kV L1 线故障跳闸，A、C 相故障，此时 B 变

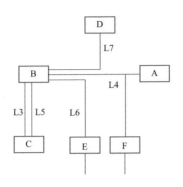

图 1-7 故障前局部电网潮流接线图

A～F—变电站

电站由 220kV 单电源供电；13 时 13 分，220kV L2 线故障跳闸，A、C 相故障，此时 B 变电站整站全停，下送 110kV 变电站：C、D 变电站全停；E、F 变电站备自投动作正确，均未失电。此后至 2 月 2 日间，220kV L1、L2 线多次发生跳闸。2 月 2 日 18 时 54 分，L2 线脱冰风险解除，恢复送电。

1.5.4 处置过程

12 时 50 分，监控席调控员发现监控系统推送"B 变 L1 线第一套保护动作，B 变 L1 线第二套保护动作""B 变 L1 线重合闸动作""B 变 L1 线断路器分位"等信息。调控员第一时间通知运维班人员至现场检查并将上述情况汇报调控值长。

13 时 13 分，监控席调控员发现监控系统再次推送"B 变 L2 线第一套保护动作，B 变 L2 线第二套保护动作""B 变 L2 线重合闸动作""B 变 L2 线断路器分位"等信息。同时通过监控系统发现 B 变电站整站全停，调控员通知运维班已到现场人员再次检查并将上述情况汇报调控值长。

调控值长立即启动故障应急响应预案，发送故障汇报短信，组织值内调控员有序开展故障录波文件远程调取、工业视频系统检查、故障点判定、制定故障处置方案等各项工作。

调控员故障处置思路：

（1）B变电站两条220kV电源线路相继跳闸，L1、L2线为山区架空线路，故考虑为瞬时故障，结合现场天气情况，考虑试送优先恢复供电。

（2）为防止L1、L2线再次跳闸引起B变电站全停风险，及时调整运行方式，做好防全停措施：通过220kVA变电站110kV L4线送B变电站110kV Ⅰ、Ⅲ母线及其上L5线。

故障发生后，线路运维单位巡线发现L1线42-43号、L2线88-89号C相导线均有脱冰现象，推测线路跳闸原因为导线脱冰过程中形成跳跃，造成A、C相间距离不足，导致相间短路。综合考虑电网供电可靠性及故障后对电网的冲击影响，可在夜间气温较低时对L1、L2临时恢复送电。

2月1日，L1、L2线又相继发生导线脱冰跳闸情况，经线路融冰处理后，于2月2日18时54分，L1、L2线脱冰风险解除，恢复送电。

1.5.5　总结

1. 故障原因

B变电站供电区域为山区，电网构架相对薄弱。面对百年一遇的极端冰雪天气，运维部门未及时分析预判严重覆冰区域，并通知各相关单位做好风险预警。线路故障跳闸时间间隔过短，在两次故障期间，多部门未及时配合响应，导致B变电站发生全停，D变电站多次与系统解列。

2. 暴露问题

（1）运维部门因无应对线路脱冰跳闸经验，导致故障发生后未第一时间找出线路跳闸原因，致使线路因同样原因多次跳闸。

（2）发生全停故障后，未能安排最佳运行方式导致下送变电站多次短时停电。

（3）线路连续多次跳闸，因初期跳闸原因无法及时查明，导致下级调度与上级调度沟通时较为被动。

3. 改进措施

（1）线路发生多次跳闸后，表明线路覆冰情况已较为严重，送电可靠性大大降低，应考虑线路拉停，且持续运行对去除覆冰是否有利值得进一步分析研究。

（2）调度部门在发生全停故障后应立即做好故障预想，坚持落实防全停技术措施，处理时应尽量使用遥控手段。如未查明故障原因建议将下送 110kV 出线改至空充状态作为备用，减少下送 110kV 站多次短时停电情况。

1.6 110kV 主变差动保护范围内
有异物落入导致主变跳闸

1.6.1 概要

2018 年 3 月 4 日 19 时 29 分，受台风影响，有异物落入 110kV A 变电站内，引起 A 变电站 1 号主变差动保护动作及 220kV B 变电站 L1 线跳闸。

1.6.2 故障前运行方式

110kV L1 线运行于 220kV B 变 110kV Ⅰ母线。110kV A 变压器，采用典型内桥接线，L1 线送 1 号主变，L2 线送 2 号主变，110kV 母分热备用、110kV 备自投装置投入；10kV 母分热备用、10kV 备自投装置投入。故障前 A 变电站主接线如图 1-8 所示。

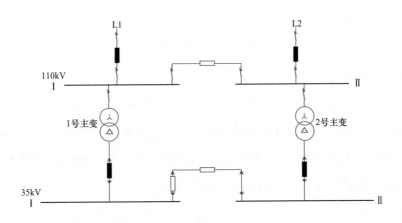

图 1-8 故障前 A 变电站主接线图

1.6.3 故障概况

2018 年 3 月 4 日 19 时 29 分，某机械厂临时工棚彩钢瓦及底座槽钢被大风吹至 A 变电站 L1 线电流互感器、断路器及引线上造成 A 变电站 1 号主变差动保护动作，10kV 备自投装置动作合上 10kV 母线分段断路器，未失电。同时，B 变电站 L1 线距离保护动作，断路器跳闸，重合失败。

1.6.4 处置过程

19 时 29 分，监控席调控员发现监控系统推送"A 变 1 号主变差动保护动作""A 变 L1 线断路器分位""A 变 1 号主变 10kV 断路器分位""A 变 10kV 备自投装置动作""A 变 10kV 母线分段断路器合位""B 变 L1 线故障跳闸""B 变 L1 线断路器分位""B 变 L1 线重合闸动作""B 变 L1 线断路器合位""B 变 L1 线断路器分位"等信息，调控员第一时间通知运维班人员至现场检查并将上述情况汇报调控值长。

调控值长立即启动故障应急响应预案，发送故障汇报短信，组织值内调控员有序地开展故障录波文件远程调取、工业视频系统检查、故障点判定、制订故障处置方案等各项工作。

调控员故障处置思路：

（1）根据监控信息"1 号主变差动保护动作"，依据调度规程未查明原因前主变不可恢复送电；

（2）A 变电站 1 号主变跳闸后，关注 2 号主变是否重载；

（3）B 变电站 L1 线路保护与 A 变电站 1 号主变差动保护同时动作，初步判断故障点在 A 变电站 L1 线断路器与电流互感器之间，要求运维人员重点检查。

依据故障录波文件远程调取及工业视频系统检查分析得出结果：L1 线 C 相故障，B 变电站 L1 线距离 Ⅱ、Ⅲ 段保护正确动作切除故障，同时下送 A 变电站对应 1 号主变差动保护动作，怀疑 A 变电站 L1 线电流互感器或断路器存在问题，不排除线路上同时存在故障点。

调控值长立即通知线路运维单位快速到位进行故障带线巡线。

后 A 变电站现场运维人员汇报：A 变电站 L1 线断路器与电流互感器之间连接线有彩钢瓦砸入，导线 C 相出现断股现象，L1 线母线隔离开关处于半分闸状态，隔离开关操作垂直连杆倾斜。调控员发令将 A 变电站 L1 线改为冷备用进行故障隔离。

经线路运维人员对 L1 线快速巡线完毕后，调控员发令对 L1 线进行试送，情况正常。

A 变电站 1 号主变检查无异常后试送电正常。A 变电站 L1 线断路器改为检修继续处理。

1.6.5　总结

1. 故障原因

故障发生时，该地区遭遇大风雨天气，A 变电站围墙外是某机械厂临时工棚，该工棚彩钢瓦及底座槽钢被大风吹至 A 变电站围墙内，其中一面彩钢瓦及支撑槽钢（面积为 3m×3m）正好悬挂在 A 变电站 L1 线断路器 C 相两侧的引线上，故障点为一个保护死区，因此引起 A 变电站 1 号主变差动保护动作及 B 变电站 L1 线距离 Ⅱ、Ⅲ 段保护同时动作切除故障。

2. 暴露问题

大风将异物吹至变电站内引起电网设备多次发生故障，相关运维单位未能吸取教训，未及时建立有效措施提前发现 A 变电站围墙周边存在的安全隐患。

3. 改进措施

（1）各运维单位应将变电站周边隐患的治理纳入常态化工作进一步开展，确保周边环境可控。

（2）各运维单位应在强对流异常天气前后组织对站内设备、房屋及各类辅助设施开展专项检查及加固工作。

第 2 章 一次设备故障引起的电网故障

2.1 220kV 主变因油泵扰动过大导致主变跳闸

2.1.1 概要

2018 年 7 月 24 日 18 时 21 分，220kV A 变电站 2 号主变因 1、2 号油泵同时在运行状态，运维人员将 2 号油泵复归，2 号油泵停运并经 65s 延时后再次启动，管道油流在原惯性流动基础上再次加速流动，油流瞬间扰动过大引起主变重瓦斯保护动作跳闸。

2.1.2 故障前运行方式

220kV A 变电站，采用扩大内桥接线，220kV 1、2 号桥断路器热备用，220kV 1、2 号桥备自投装置投入；110kV 单母线分段接线，110kV 1、2 号母分热备用，110kV 1、2 号母分备自投装置投入；10kV 单母分接线，10kV 1、2 号母分热备用，10kV 1、2 号母分备自投装置投入。故障前 A 变电站主接线如图 2-1 所示。

2.1.3 故障概况

2018 年 17 时 17 分，监控系统显示 A 变电站 2 号主变冷却器故障信号、2 号油泵投入启动信号。运维人员根据调度指令前往变电站现场进行检查，18 时 16 分，运维人员检查发现冷却器控制系统面板显示 1 号油泵故障灯亮，在控制

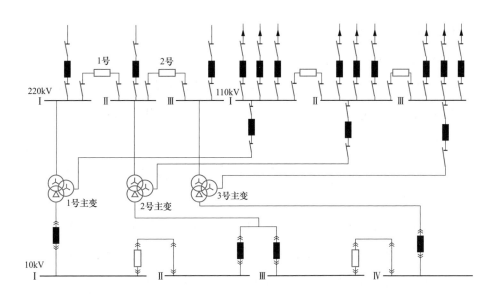

图 2-1　故障前 A 变电站主接线图

面板上按复归按钮，1 号油泵故障信息没有复归，2 号油泵停止运转并经 65s 延时后重新启动，同时 2 号主变重瓦斯保护动作跳闸。

A 变电站 2 号主变本体重瓦斯保护动作、三侧断路器跳闸后，110kV 2 号母分备自投装置动作，合上 110kV 2 号母分断路器，恢复 110kV Ⅱ 段母线供电，10kV 1、2 号母分备自投装置未动作，10kV Ⅱ、Ⅲ 段母线失电。约 20min 后，合上 10kV 1、2 号母分断路器，恢复 10kV Ⅱ、Ⅲ 段母线供电。

2.1.4　处置过程

18 时 21 分，监控席调控员发现监控系统推送 "A 变 2 号主变重瓦斯保护动作" "A 变 L2 线断路器分闸，2 号主变 110kV 断路器分闸，2 号主变 10kV Ⅱ 段母线断路器分闸，2 号主变 10kV Ⅲ 段母线断路器分闸" "A 变 110kV 2 号母分备自投装置动作" "A 变 110kV 2 号母分断路器合闸" 等信息，调控员第一时间通知运维班人员至现场检查并将上述情况汇报调控值长。

调控值长立即启动故障应急响应预案，发送故障汇报短信，组织值内调控员有序地开展故障录波文件远程调取、工业视频系统检查、故障点判定、制订故障处置方案等各项工作。

调控员故障处置思路：

（1）由于 A 变电站仅有"2 号主变重瓦斯保护动作"的保护动作信息，基本判断故障点在 2 号主变内，通知配调通过合上 10kV 母分断路器对 10kV Ⅱ、Ⅲ段母线试送电；

（2）根据监控信息"2 号主变重瓦斯保护动作"，依据调度规程未查明原因前主变不可恢复送电；

（3）故障后 A 变电站 1、3 号主变负荷情况正常，未出现重载情况；

（4）考虑故障时 2 号主变有相关工作，要求现场立即停止工作并检查。

故障发生前，A 变电站现场正在进行 2 号主变冷却器故障检查，调控员立即联系现场对故障跳闸设备进行检查。

同时调控员告知配调 A 变电站 2 号主变跳闸系重瓦斯保护动作，A 变电站 2 号主变跳闸后 2 号主变 10kV Ⅱ、Ⅲ段母线断路器分位，10kV 1、2 号母分备自投装置未动作，导致 10kV Ⅱ、Ⅲ段母线失电。要求配调立即采取措施尽快恢复故障母线送电。

经现场运维人员初步检查发现：A 变电站 10kV 1、2 号母分断路器及 10kV Ⅱ、Ⅲ段母线一次设备无明显异常。

A 变电站 10kV 1、2 号母分断路器改运行试送成功，10kV Ⅱ、Ⅲ段母线恢复供电。

随后现场运维人员对 A 变电站 2 号主变进行详细检查发现：主变故障录波显示无故障电流，2 号主变本体呼吸器呼吸正常，本体无油渗漏，本体油位正常，本体气体继电器中无气体，轻瓦斯未动作。冷却器控制系统面板显示 1 号油泵故障，现场 1、2 号油泵均在运转状态，主变油温 69℃。2 号主变取油样，色谱试验合格。申请将 2 号主变改三侧主变检修检查。

A 变电站现场汇报：2 号主变 1 号油流指示器故障，冷却器控制系统自动投入 2 号油泵，而 1 号油泵实际为运行状态，2 号油泵同时运行，造成油泵扰动过大，引起主变本体重瓦斯动作。2号主变相关检查试验均正常后，经L2线对2号主变进行冲击，试验结果正常，A变电站恢复正常运行方式。

2.1.5　总结

1. 故障原因

（1）在2号主变油面温度超过75℃时，冷却器控制系统投入1号油泵运行，由于1号油泵的油流指示器节点损坏，发后台冷却器故障信号（实际1号油泵一直在运行状态），同时经65s延时后，自动投入2号油泵。运维人员到达现场后，发现油泵实际在运行状态，为确认冷却器故障信号真实性，在控制面板按复归按钮，2号油泵停止运转并经65s延时后重新启动。经分析认为：在2号油泵停止运转后，油泵管道油流在惯性的作用下仍保持高速流动状态，油流指示器仍保持指示在运转位置，故后台未发2号油泵退出信号。经65s延时后，2号油泵再次启动，管道油流在原惯性流动基础上再次加速流动，油流瞬间扰动过大引起本体重瓦斯动作，主变三侧断路器跳闸，779ms后，油流速度降低并趋于稳定，本体重瓦斯动作信号自动复归。

（2）10kV 1、2号备自投装置未动作原因分析。检修人员检查10kV 1、2号备自投装置投入和充放电情况，备自投装置投入和充放电正常。

检修人员对10kV 1号备用电源方式进行试验（只试验与2号主变相关方式），具体试验内容见表2-1。

表 2-1　　　　　　　　　不同电源方式下的试验内容

试验方式	动作逻辑	动作情况
一	1号主变10kV断路器跳闸后，10kV Ⅰ段母线无压，10kV Ⅱ段母线有压，经1s合上10kV 1号母分断路器	备自投装置正确动作
二	220kV Ⅰ段母线及10kV Ⅰ段母线均无压，10kV Ⅱ段母线有压，经4s跳1号主变10kV断路器，确认跳开后经1s合10kV 1号母分断路器	备自投装置正确动作
三	2号主变10kV Ⅱ段断路器跳闸后，10kV Ⅱ段母线无压，10kV Ⅰ段母线有压，经1s合上10kV 1号母分断路器	备自投装置正确动作

试验方式	动作逻辑	动作情况
四	220kV Ⅱ段母线及10kV Ⅱ段母线均无压，10kV Ⅰ段母线有压，经4s跳2号主变10kV Ⅱ母线断路器，确认跳开后经1s合上10kV1号母分断路器	备自投装置正确动作
本次故障模拟试验	模拟2号主变非电量保护动作，主变三侧断路器跳闸（含2号主变10kV Ⅱ、Ⅲ段母分断路器），220kV Ⅱ段母线及10kV Ⅱ段母线均无压，10kV Ⅰ段母线有压	备自投装置未动作

试验发现，10kV 1号母分备自投装置与2号主变相关的备自投装置方式实际运行中只考虑了以下两类情况：方式三考虑2号主变10kV Ⅱ段断路器跳闸情况；方式四考虑2号主变220kV电源侧故障情况；仅在与动作逻辑完全相同条件方式才能正确动作。本次故障相比方式三多出了220kV Ⅱ段母线无压条件，相比方式四多出了2号主变10kV Ⅱ段母线断路器跳闸条件，故10kV 1号母分断路器NSP40备自投装置不动作。10kV 2号母分断路器NSP40备自投装置未动作原理与此相同。

备自投装置老旧，备自投装置动作方式设计不合理是本次10kV 1、2号备自投装置不动作的主要原因。

2. 暴露问题

（1）A变电站现场检查曾发现主变故障录波器录波数据无法调取，经现场检查装置重启后已恢复正常，历史录波报告未丢失，子站调用无异常。

（2）录波检查发现220kV 2号桥断路器位置接入220kV线路故障录波器未启动。现场检查为220kV 2号桥断路器屏位置信号G701端子排接线松动引起，经螺栓紧固后检查无异常。

3. 改进措施

（1）为避免油泵停止运转后、油流仍在惯性流动时，油泵再次启动对气体继电器造成的瞬间扰动过大，建议将2号油泵的启动延时由65s调整到180s。

（2）对公司范围内其他变电站内的备自投装置进行检验，检查是否存在备自投方式不合理的情况。

（3）建议上级专业主管部门考虑对A变电站的备自投装置进行更换处理。

2.2　220kV 变电站 10kV 电缆着火导致全站失电

2.2.1　概要

2019 年 7 月 19 日 20 时 11 分，220kV A 变电站发生一起因 10kV 开关柜故障电缆着火，引起 2 台 220kV 主变跳闸及 10kV 母线全停电事件，造成负荷损失约 2.2 万 kW，停电影响主要为民用及商用负荷，未损失重要负荷。

2.2.2　故障前运行方式

220kV A 变电站，220kV 单母线分段接线，并列运行；110kV 单母线分段接线，并列运行；10kV 单母线分段接线，分列运行，10kV 备自投装置投入。故障前 A 变电站主接线如图 2-2 所示。

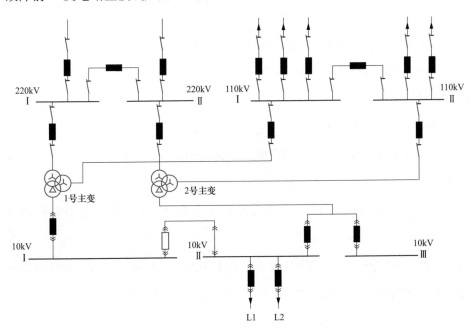

图 2-2　故障前 A 变电站主接线图

27

2.2.3 故障概况

2019 年 7 月 19 日 19 时 54 分，10kV L1 线 A、B 相间短路，开关柜出现明火，10kV Ⅱ 段母线电压互感器二次电缆烧毁，导致所有 Ⅱ 段母线上的 10kV 线路保护和 2 号主变保护 TV 断线。20 时 01 分，2 号主变 10kV 母线侧发生三相短路，最终由 2 号主变重瓦斯保护动作切除故障。在此期间 1 号主变 10kV 侧出现三相短路，1 号主变 10kV 断路器复压过流保护动作切除故障。

2.2.4 处置过程

19 时 54 分，配调发现监控系统推送 "A 变 L1 线保护动作" "A 变 L1 线断路器分闸" 等信号。20 时 01 分，地调监控席调控员发现监控系统推送 "A 变 2 号主变 10kV 断路器分闸" "整站 RTU 中断" 等信息。此时，A 变整站失去监控，调控员第一时间通知运维班人员至现场检查并将上述情况汇报调控值长。

调控值长立即启动故障应急响应预案，发送故障汇报短信，组织值内调控员有序地开展故障录波文件远程调取、工业视频系统检查、故障点判定、制订故障处置方案等各项工作。

调控员故障处置思路：

（1）由于 A 变电站 10kV 室内断路器柜故障，立即调取视频监控，查看有无明火、浓烟等情况发生；

（2）由于 A 变电站 1、2 号主变均跳闸导致 10kV 全停，通知配调转移 10kV 负荷；

（3）根据监控信息 2 号主变重瓦斯保护动作、1 号主变 10kV 断路器复压过电流保护动作，依据调度规程未查明原因前不可恢复送电。

整个故障分为两个阶段：

第一个阶段开始于 19 时 54 分 29 秒，持续时间 1516ms，故障点起始位于 10kV L1 线，AB 相间短路，L1 线过电流保护Ⅱ段正确动作切除故障，但是明火并未熄灭，4min 后将经过 L1 电缆室的 10kV Ⅱ段母线电压互感器二次电缆烧熔短路、导致电压互感器二次空气断路器跳开，所有Ⅱ段母线上的 10kV 线路保护和 2 号主变保护 TV 断线。故障初期 1 号主变 10kV 母线侧运行正常。

第二个阶段开始于 20 时 01 分 18 秒，持续时间 97367ms，该故障首次三相短路为是 L2 线（L1 线相邻间隔）断路器柜三相短路，持续时间 3668ms 后 L2 线过电流保护Ⅱ段母线动作断路器故障切除。正常运行 132ms 后，2 号主变 10kV 母线侧 2 号站用变负荷断路器柜再次出现三相短路，故障持续时间 1720ms 后 2 号站用变负荷断路器熔丝熔断切除故障。故障切除 95ms 后 2 号主变 10kV 母线侧又出现母线三相短路，故障持续时间 91752ms，此时由于 2 号主变低压侧复压过电流保护低压侧复压元件因 TV 断线一直被闭锁，由 2 号主变重瓦斯动作切除故障。在此期间 1 号主变 10kV 侧出现三相短路，2948ms 后 1 号主变 10kV 断路器复压过电流保护动作切除故障。在两个 10kV 分段母线三相短路电流作用下，220kV 母线侧相电压降低至 125.7kV。

20 时 44 分，经现场申请，转移 1 号主变 110kV 侧所供负荷后，紧急拉停 1 号主变 220kV、110kV 断路器。

21 时 05 分，除故障线路 L1 线之外，调控员利用配网自动化手段恢复其余 10kV 线路送电。

2.2.5 总结

1. 故障原因

本次故障起因是 L1 线电缆室绝缘薄弱处击穿，引起弧光接地过电压，对 10kV Ⅱ段母线相连的设备绝缘件薄弱处造成损伤，明火继续燃烧造成相邻间隔发生故障，同时产生大量浓烟，进而造成故障扩大。此外，因 10kV Ⅱ段母线 TV 二次空气开关跳开，2 号主变低压侧复压过电流保护的复压元件一直被闭锁，导致母线三相短路持续时间过长是本次故障扩大的根本原因。

2. 暴露问题

（1）A 变电站主变低压侧加装限流电抗器后，高、中压侧复压元件对低压侧三相故障没有灵敏度。同时，其主变低压侧虽然配置了两套复压过电流保护，但其复合电压取自同一个 TV 二次空气开关，可靠性低，并没有实现真正的双重化。因此，在此次事件中，在 TV 二次空气开关跳开情况下，母线故障最终持续约 97s 后由主变重瓦斯保护动作切除，导致故障扩大。

（2）A 变电站的 110kV GIS 设备的二次保护控制电缆安装在 10kV 开关室内，布置在开关柜上方，一旦开关柜故障起火极易引起连锁反应，也是本次事件抢修恢复供电难度加大的原因。

（3）A 变电站采用 220kV 直接带 10kV 负荷，一旦 10kV 系统发生故障，极易造成 220kV 主变失电。

（4）A 变电站二次交流电压采用小母线形式，布置在开关柜内部上方。任一开关柜内着火都可能导致整段二次交流电压回路故障，引起母线上所有保护 TV 断线闭锁，甚至导致断路器控制回路断线。

3. 改进措施

（1）应对 220kV 变压器低压侧加装限流电抗器且低压侧母线未配置母线保护的变电站进行排查，尽快制订并实施 10kV 母线短路故障切除方案。有条件时应按有关规程增设 10kV 母线保护。

（2）高压设备的二次电缆应设置专用电缆层，避开 10kV 断路器柜室，并进行有效防火隔离。220kV 变电站应避免直供 10kV 负荷，建议采用 220kV/110kV 子母变电站方案建设。

（3）针对类似 A 变电站现场二次电缆未设置专用电缆层、直接通过 10kV 断路器柜上方的布置，建议在断路器柜内装设自动探火灭火装置，加强消防灭火能力。

2.3 35kV 母分断路器故障引起母线跳闸

2.3.1 概要

2018 年 7 月 31 日 15 时 42 分，因 220kV A 变电站 35kV 母分断路器 I 段母线隔离开关柜内受潮，同时在雷击过电流的影响下发展为接地故障，导致 35kV I 段母差保护动作后 35kV I 段母线失电。

2.3.2 故障前运行方式

220kV A 变电站，220kV 双母线接线，并列运行；110kV 双母线接线，并列运行；35kV 单母线分段接线，分列运行，35kV 备自投装置投入。故障前 A 变电站主接线如图 2-3 所示。

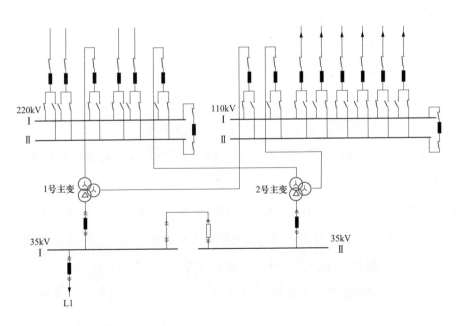

图 2-3 故障前 A 变电站主接线图

2.3.3 故障概况

2018 年 7 月 31 日 15 时 42 分，220kV A 变电站 35kV Ⅰ 段母差保护动作，35kV L1 线保护动作，1 号主变 35kV 断路器、35kV Ⅰ 段母线各出线、电容器、站用变断路器跳闸，35kV Ⅰ 段母线失电。

2.3.4 处置过程

15 时 42 分，监控席调控员发现监控系统推送"A 变 35kV 母差保护动作""A 变 1 号主变 35kV 断路器跳闸""A 变 L1 线保护动作""A 变 L1 线断路器跳闸"等信息，同时通过监控系统发现 A 变电站 35kV Ⅰ 段母线失电，调控员第一时间通知运维班人员至现场检查并将上述情况汇报调控值长。

调控值长立即启动故障应急响应预案，发送故障汇报短信，组织值内调控员有序地开展故障录波文件远程调取、工业视频系统检查、故障点判定、制订故障处置方案等各项工作。

调控员故障处理思路：

（1）根据监控信息"35kV 母差保护动作"，依据调度规程未查明原因前不可恢复母线送电；

（2）通知县调转移 A 变电站 35kV Ⅰ 段母线负荷；

（3）由于 L1 线路保护与 35kV 母差保护均动作，考虑是否由于 L1 线设备原因导致母差保护动作。

故障发生后，A 变电站 35kV Ⅰ 段母线失电，需立即安排送电方案。依据故障录波文件远程调取及工业视频系统检查分析得出结果：故障点在 A 变电站 35kV Ⅰ 段母线范围，损失的 35kV 重要负荷考虑由县调自行转送。

A 变电站现场运维人员汇报，35kV 母分 Ⅰ 段母线隔离开关柜金属活门及隔离开关手车触头严重灼伤，35kV Ⅰ 段母线改为检修进行检查处理。

35kV Ⅰ 段母线、电压互感器、避雷器及各出线间隔检查试验均无异常，

35kVⅠ段母线绝缘耐压试验合格。将35kV母分Ⅰ段母线隔离开关柜Ⅰ段侧静触头至35kVⅠ段母线的连接母排拆除，隔离故障点后A变电站35kVⅠ段母线试送电正常。

2.3.5　总结

1. 故障原因

故障发生时L1线路受到雷击，因A变电站35kV母分Ⅰ段母线隔离开关柜触头臂与金属活门挡板距离非常近，同时触头臂绝缘护套表面因受潮产生沿面闪络，瞬时雷电过电压导致闪络加剧，最终发展为三相接地短路。短路电弧烧毁动触头，瞬间空气膨胀产生气流冲开断路器柜顶部防爆孔及断路器柜门观察窗，引起了35kVⅠ段母差保护动作。

2. 暴露问题

（1）A变电站此前发生类似故障，但事后并未深究故障根源，未能根治凝露受潮和活门隐患，防范措施落实不彻底。

（2）柜内金属活门在手车工作位置开启后与手车触臂距离不满足220mm标准，存在绝缘净距不足风险。

（3）对断路器柜小环境温湿度控制针对性措施考虑不足，特别是平时备用间隔断路器柜各仓室抗凝露措施落实欠缺。

3. 改进措施

（1）将柜内金属活门挡板绝缘化，调整活门开启高度，消除绝缘净距不足隐患。

（2）将断路器柜前后观察窗玻璃改造为百叶通风孔，便于柜内潮气排出。将35kV母分Ⅰ段母线隔离开关柜顶部泄压通道更换成鱼鳞板，拆除各后柜网孔处的有机玻璃，改善柜内空气流通环境。关闭35kV母分Ⅰ段母线隔离开关柜母线仓加热器，加装一台智能抽湿装置，消除内外温差和凝露条件。

（3）加强断路器柜带电局部放电测试工作，提前发现设备潜在缺陷隐患。

2.4 110kV 主变直连接地变压器故障导致主变跳闸

2.4.1 概要

2017 年 7 月 19 日 5 时 34 分，A 变电站 110kV 主变直连接地变压器发生故障，引起 2 号主变差动保护动作，故障后 20kV 3 号备自投装置未能正确动作，造成 20kV Ⅳ 段母线失电。

2.4.2 故障前运行方式

110kV A 变电站，采用典型内桥接线，L1 线送 1 号主变，L2 线送 2 号主变，110kV 母分热备用，110kV 备自投装置投入；20kV 单母分段接线，20kV 1 号母线分、20kV 3 号母分热备用，20kV 1 号母分、20kV 3 号母分备自投装置投入；A 变电站 20kV 接地变压器分别直连在 2 台主变低压侧，为小电阻接地系统。故障前 A 变电站主接线如图 2-4 所示。

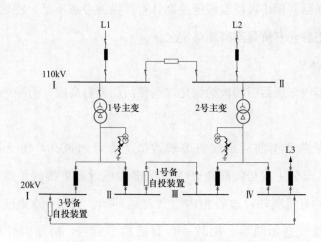

图 2-4 故障前 A 变电站主接线图

2.4.3 故障概况

2017 年 7 月 19 日 5 时 34 分，110kV A 变电站 2 号主变差动保护动作，跳开主变 20kV Ⅲ 段、Ⅳ 段母线断路器，110kV L2 线断路器；20kV 1 号备自投装置正确动作，合上 20kV 1 号母线分段断路器，20kV Ⅲ 段母线未失电；20kV 3 号备自投装置未动作，20kV Ⅳ 段母线失电。

2.4.4 处置过程

5 时 34 分，监控席调控员发现监控系统推送"A 变 2 号主变差动保护动作""A 变 20kV 4 号电容器保护动作""A 变 L2 线断路器分闸，2 号主变 20kV Ⅲ 段、Ⅳ 段母线断路器分闸，20kV 4 号电容器断路器分闸"等信息，同时通过监控系统发现 A 变电站 20kV 1 号母线分段断路器合闸、20kV 3 号母线分段断路器未合闸，20kV Ⅳ 段母线失电。调控员第一时间通知运维班人员至现场检查并将上述情况汇报调控值长。

调控值长立即启动故障应急响应预案，发送故障汇报短信，组织值内调控员有序地开展故障录波文件远程调取、工业视频系统检查、故障点判定、制订故障处置方案等各项工作。

调控员故障处置思路：

（1）根据监控信息"2 号主变差动保护动作"，依据调度规程未查明原因前主变不可恢复送电；

（2）2 号主变跳闸后关注 1 号主变有无重载；

（3）根据故障情况，通知配调通过 20kV 3 号母线分段对 20kV Ⅳ 段母线试送电。

通知配调，A 变电站主变差动保护动作，2 号主变 20kV Ⅳ 段母线热备用，可通过 20kV 母分断路器对 20kV Ⅳ 段母线进行试送。5 时 49 分，A 变电站 20kV Ⅳ 母线试送成功，逐一恢复失电线路。

A 变电站现场检查 2 号接地变压器 A 相电缆烧断，2 号主变电站本体无异常，2 号主变改至检修状态进行故障处置。

根据后台监控信息的梳理及录波图形的分析，事件过程还原如下：5 时 34 分 47.794 秒，A 变电站 2 号主变低压侧直连接地变压器电缆发生 A 相接地；5 时 34 分 47.814 秒，20kV L3 线发生 B 相接地，与直连接地变压器电缆 A 相接地形成两点接地；5 时 34 分 47.897 秒，2 号主变差动保护动作，跳开 L2 线、2 号主变 10kV Ⅲ、Ⅳ 段母线断路器。

2 号主变 20kV Ⅳ 段母线断路器分闸后，20kV 3 号备自投装置报"TV 断线或失压"并持续 11s，导致 20kV 3 号备自投装置未正确动作。

2.4.5 总结

1. 故障原因

A 变电站 2 号主变低压侧直连接地变压器电缆发生 A 相接地，同时 20kV L3 线发生 B 相接地，形成两点接地。2 号主变差动保护动作，跳开 2 号主变三侧断路器，20kV 1 号备用电源动作，20kV 1 号母分断路器合位，20kV Ⅳ 段母线断路器分闸后，20kV 3 号备用电源Ⅳ段母线进线电流采样值跳变，偶发数据异常，备用电源装置认为进线有流，便报"TV 断线或失压"并持续 11s，导致 20kV 3 号备用电源未正确动作。

2. 暴露问题

主变故障跳闸后，接地变压器室监控摄像头处于掉线状态，导致无法回放还原故障视频画面；故障录波器在故障时多次启动读写存储卡造成死机，无法快速远程调阅故障波形；保护测控装置 GPS 对时不准，相关故障时序无法通过推算分析；先期抵达现场人员未能快速提供气体继电器有无气体等关键信息。

3. 改进措施

（1）与设备厂家进一步分析备自投装置未动作的可能原因；将原 CPU 插件寄回四方公司、要求进行拷机检查。

（2）对所辖 CSC246 型备自投装置进行梳理，对于和 A 变电站 20kV 3 号母分备自投装置软硬件版本号一致，且投产后未实际动作的备自投装置制订检修计划，并在 2017 年 12 月底前完成。

（3）考虑 20kV 备自投装置未正确动作影响面较大且实际动作概率较小，建议在新站建设投产启动试验中加入 20kV 备自投装置实际联动试验。

2.5　220kV 主变差动范围内设备故障导致主变跳闸

2.5.1　概要

2016 年 6 月 28 日 5 时 23 分，220kV A 变电站 2 号主变发生低压侧 B、C 相相间短路故障，引起主变差动保护动作跳闸。A 变电站 2 号主变故障引起 220kV B 变电站 220kV L1 线（A 变电站—B 变电站）第二套保护误动，B 变电站 L1 线断路器跳闸；A 变电站 35kV L2 线保护误动，L2 线断路器跳闸。

2.5.2　故障前运行方式

220kV A 变电站，220kV 双母线接线，并列运行；110kV 单母线分段接线，并列运行；35kV 单母线分段接线，35kV 母分断路器热备用、备自投装置信号。故障前 A 变电站主接线如图 2-5 所示。

2.5.3　故障概况

2016 年 6 月 28 日 5 时 23 分，A 变电站 2 号主变差动保护动作，跳开 2 号主变三侧断路器，L2 线保护动作，L2 线断路器跳闸，35kV 备自投装置正确动作，合上 35kV 母分断路器，未失电。同时 B 变电站 L1 线（A 变电站—B 变电站）保护动作，跳开 B 变电站 L1 线断路器。

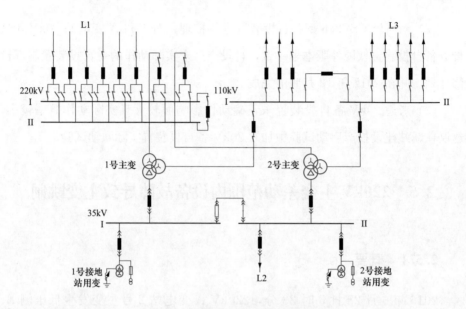

图 2-5　故障前 A 变电站主接线图

2.5.4　处置过程

5 时 23 分，监控席调控员发现监控系统推送 "A 变 2 号主变第二套保护动作""A 变 35kV 备自投装置动作""A 变 2 号主变 220kV 断路器分闸，110kV 断路器分闸，35kV 断路器分闸，35kV 母分断路器合闸"等信息，A 变电站 1 号主变负荷未超载。同时通过监控系统发现 A 变电站 35kV L2 线保护动作，L2 线断路器跳闸；B 变电站 L1 线保护动作，断路器跳闸。调控员第一时间通知运维班人员至现场检查并将上述情况汇报调控值长。

调控值长立即启动事故应急响应预案，发送事故汇报短信，组织值内调控员有序地开展故障录波文件远程调取、工业视频系统检查、故障点判定、制订事故处置方案等各项工作。

调控员故障处置思路：

（1）A 变电站 L1 线无保护动作信息，线路充电状态，B 变电站 L1 线断路器跳闸可能为误动。

（2）A 变电站 2 号主变差动保护动作跳开三侧断路器，35kV 备自投装置动作正确，35kV Ⅱ段母线初步判断无故障，可继续运行。

（3）A 变电站 35kV L2 线与主变同时跳闸，无法判断是否为主变故障引起线路保护误动或线路故障引起主变差动保护误动，跳闸主变与跳闸线路需现场运维人员详细检查汇报，并经专业意见后，考虑是否恢复送电。

故障发生后，A 变电站 1 号主变运行正常，遥测显示主变未重载。运维人员到达 A 变电站现场后，对故障跳闸设备进行检查。

为防止 A 变电站全停电风险，调控员遥控建立 B 变电站 110kV L3 线转供 A 变电站 110kV Ⅱ段母线通道，A 变电站 110kV 母分断路器由运行改为热备用，落实 A 变电站防全停技术措施。

经现场检查，在 2 号主变 35kV 侧避雷器顶部发现放电痕迹，将主变转检修进行故障处置。

35kV L2 线路巡线未发现明显故障点，跳闸时保护电流幅值不大，未达到距离Ⅰ段动作值，保护动作情况存在异常，需对保护动作做进一步分析。

B 变电站 L1 线保护动作分析：断路器跳开后，结合 B 变电站故障录波信息对 B 变电站 L1 线保护动作进行初步现场检查，发现 L1 线第一套保护 CSC-103B 没有动作信息，第二套保护 PCS-931GM 三相跳闸灯亮，操作箱 CZX-11G 跳闸出口灯亮，重合闸处于停用状态（全电缆线路）。

B 变电站 L1 线第二套保护动作情况从保护动作报告中分析，故障时刻最大差动电流 0.20A，而差动动作定值为 1.88A，差流远未达到动作值。同时，由于故障点位于 A 变电站，对于该线路保护，属于区外故障，且该线路 A 变侧 L1 线第二套保护也未动作，初步判定 B 变电站 L1 线第二套保护 PCS-931GM 为误动。

2.5.5 总结

1. 事故原因

（1）A 变电站 2 号主变发生 35kV 侧 B、C 相间短路故障，约在 25ms 之后，主变 35kV 侧 B、C 相间短路故障发展为 B、C 相间接地短路故障，差动保护正确动作跳开三侧断路器。

（2）35kV L2 线保护 WXH-825A 距离元件由于短线路反方向故障弱馈情况下，距离元件失去方向性，造成距离保护误动作。

（3）B 变电站 L1 线，现场对第二套保护装置（PCS-931GM）进行进一步检查，通过装置模拟量试验，采样、开入、动作及出口均无异常。初步推测可能是保护装置计算程序运行异常导致，现场对保护装置的保护计算 DSP 插件及启动 DSP 插件进行了更换，并将更换下来的插件返厂进行进一步全面深入检查。经保护装置厂家研发及工程人员综合故障回放试验、装置录波数据、保护动作及自检报文、保护程序代码的全面检查，以及 PCS-931 系列保护装置在全国范围的应用情况，分析认为：本次保护装置不正确动作的原因是保护装置存储器异常导致计算差动电流错误。

2. 暴露问题

事故情况下，当需要落实防全停技术措施时，由于涉及保护的操作，无法进行远方遥控，防全停通路建立的时间取决于现场运行人员到位的时间。

3. 改进措施

（1）针对 PCS-931GM 线路保护装置 DSP 计算芯片可能出现的存储器异常，导致计算错误的情况，可通过对 DSP 计算芯片内的存储器进行监视，实现存储器异常的有效校验。保护装置厂家需要通过程序升级，在当前保护程序版本中加入 DSP 计算芯片存储器异常存储器监视功能。涉及 220kV 线路共 4 回线。

（2）针对 A 变电站 L2 线 WXH-825A 装置的问题，现提出两种解决措施：

1）在厂家完成程序升级前，对于存在反方向故障弱馈的短线路，暂时将距离 I 段延时由 0s 改为 0.1s。

2）由厂家升级程序，解决距离保护在短线路反方向故障弱馈下经过渡电阻的选择性问题。

2.6 110kV 主变差动范围内设备故障导致主变跳闸

2.6.1 概要

2018 年 1 月 8 日 8 时 8 分，110kV A 变电站因 1 号主变 35kV 隔离开关动静触头接触不良，严重发热，隔离开关上、下热缩套在高温下产生烟雾，最终引起 1 号主变差动保护动作。

2.6.2 故障前运行方式

110kV A 变电站，采用典型内桥接线，L1 线送 1 号主变，L2 线送 2 号主变，110kV 母分热备用、备自投装置投入；35kV 单母线分段接线，35kV 母分热备用、备自投装置投入；10kV 单母分段接线，10kV 母分热备用、备自投装置投入。故障前 A 变电站主接线如图 2-6 所示。

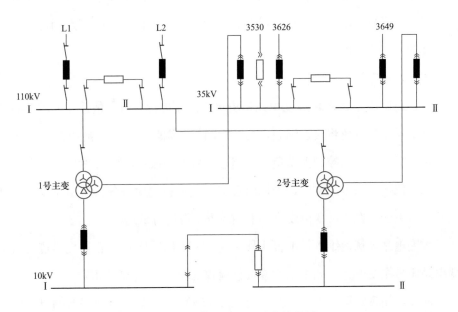

图 2-6 故障前 A 变电站主接线图

2.6.3　故障概况

2018 年 1 月 8 日 8 点 8 分，A 变电站 1 号主变差动保护动作，三侧断路器跳闸，35、10kV 备自投装置正确动作，35、10kV 母分断路器合闸，35、10kV 母线未失电。

2.6.4　处置过程

8 时 8 分，监控席调控员发现监控系统推送"A 变 1 号主变差动保护动作""A 变 L1 线断路器分位""A 变 1 号主变 35kV 断路器分位，A 变 1 号主变 10kV 断路器分位""A 变 35kV 母分断路器合位""A 变 10kV 母分断路器合位"等信息，同时通过监控系统发现 A 变电站 1 号主变及 110kV Ⅰ 段母线失电。调控员第一时间通知运维班人员至现场检查并将上述情况汇报调控值长。

调控值长立即启动事故应急响应预案，发送事故汇报短信，组织值内调控员有序地开展故障录波文件远程调取、工业视频系统检查、故障点判定、制订事故处置方案等各项工作。

调控员故障处置思路：

（1）地调调控员调取 A 变电站历史负荷曲线进行分析，估计在 9 时左右 A 变电站 2 号主变负荷将接近满载，第一时间与县调联系，要求县调将 A 变电站下送负荷进行调整，控制整站负荷不超过 2 号主变额定负荷的 80%。

（2）依据故障录波文件远程调取及工业视频系统检查分析得出结果：A 变电站 1 号主变存在 A、B 相故障，未经检查不得进行试送。

A 变电站现场运维人员汇报 1 号主变 35kV 侧母排 B 相有灼烧痕迹。将 A 变电站 1 号主变改为三侧主变检修进行检查处理，L1 线试送正常。

A 变电站现场运维人员汇报 1 号主变 35kV 穿墙套管与断路器间母排已拆除，1 号主变 35kV 侧不可投运。因故障设备暂时无备品，短时无法恢复 1 号主变为正常运行方式，临时由县调安排 A 变电站 35kV Ⅰ 段母线防全停转供方式。

2.6.5 总结

1. 事故原因

对 A 变电站 1 号主变差动保护范围内所有设备进行检查，发现 1 号主变 35kV 侧隔离开关柜内有明显故障痕迹，B 相隔离开关上方触指部分跌落，其余设备检查未发现异常。通过现场实际检查情况，分析判断故障系 B 相隔离开关动静触头接触不良，严重发热，B 相隔离开关上、下热缩套在高温下产生烟雾，导致 A、B 相相间空气绝缘击穿及 B 相支持绝缘子沿面击穿，发生相间及对地短路。

2. 暴露问题

（1）运维人员未能通过测温及时发现隔离开关发热隐患。因 1 号主变 35kV 侧隔离开关在柜内，柜上无红外测温窗口，无法进行精确测温，运维簿册上测温表格内测温点位为 1 号主变 35kV 侧隔离开关柜，对 1 号主变 35kV 侧隔离开关 A、B、C 相未设置测温点位，未能及时发现温度异常。而根据近三次测温情况，1 号主变 35kV 侧隔离开关柜柜门上的温升呈上升趋势，测温人员未及时予以关注。

（2）巡视质量有待提高，多次巡视未能发现隐患。根据现场发热烧熔痕迹，发热烧熔持续时间较长，而从上一次操作该隔离开关至故障跳闸，期间运维人员共进行了 15 次巡视，未及时发现隐患。

（3）未能通过母线集中检修及时发现设备隐患。6 个月前 A 变电站安排了 35kV Ⅰ 段母线集中检修，考虑主变检修周期未到，且为了不影响 10kV 供电，未同时安排主变停役对大电流柜开展检修预试，未能及时发现隔离开关缺陷。

（4）断路器室视频装置存在缺陷未及时消除，无法正常使用。故障发生时未能录下影像资料，导致故障分析时缺少辅助判断材料。

（5）GN2-35T 型的隔离开关触指弹簧弹力不足。设备厂家售后服务差，响应时间极慢，对停产的设备备品、备件未进行合理储备，导致故障发生后迟迟无法提供备品更换。

3. 改进措施

（1）增加大电流柜重点部位精准测温点位，结合设备停役，加装红外测温窗口，对所辖范围内所有柜内 35kV 隔离开关进行排查、特巡、测温，确保不发生同类故障。

（2）切实落实集中检修工作要求，110kV 变电站集中检修安排主变和母线同时停役，特别关注大电流柜的检修预试，避免主变进线间隔的类似故障。

（3）开展变电站视频监控系统的排查消缺。对所辖所有站内视频监控装置进行检查，对存在缺陷的视频监控装置及时处理，确保视频监控装置完好。

（4）就 GN2-35T 型的隔离开关触指弹簧弹力不足的问题和厂家协调，宁波天安公司已对新生产的触指弹簧质量进行改良，现更换的弹簧触指弹力为原先的两倍以上。要求并督促厂家提高售后服务意识，缩短响应时间，对已停产的老旧设备进行合理储备。

2.7　10kV 站用变故障导致 110kV 主变跳闸

2.7.1　概要

2018 年 5 月 25 日 110kV A 变电站 2 号主变及 10kV Ⅱ 段母线停役检修，12 时 41 分，A 变电站 10kV 1 号站用变长时间满载运行导致干式变压器本体严重发热，引起匝间短路故障而烧毁。站用变故障产生的高温烟气进入母线仓，从而引发母线三相短路故障，1 号主变高压侧后备保护动作切除故障后 110kV A 变电站全站失电。

2.7.2　故障前运行方式

110kV A 变电站，采用典型内桥接线，L1 线送 1 号主变，L2 线路检修，110kV 母分检修、备用电源停用；10kV 单母线分段接线，10kV 母分检修、备用电源停用。故障前 A 变电站主接线如图 2-7 所示。图中，"⏚"符号表示设备处于检修状态。

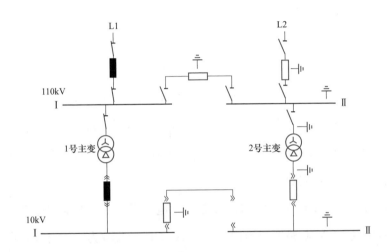

图 2-7　故障前 A 变电站主接线图

2.7.3　故障概况

2018 年 5 月 25 日 12 时 41 分 56 秒，A 变电站 1 号主变 110kV 侧后备保护复压过流Ⅰ、Ⅱ段动作，L1 线断路器跳闸，1 号主变 10kV 断路器跳闸。由于当时 2 号主变及 10kV Ⅱ段母线计划停役，1 号主变高压侧后备保护动作导致全站失电。

2.7.4　处置过程

12 时 41 分，监控席调控员发现监控系统推送"A 变 1 号主变 110kV 后备保护动作""A 变 L1 线断路器分位""A 变 1 号主变 10kV 断路器分位"等信息,同时通过监控系统发现 A 变电站 10kV Ⅰ 段母线失电。调控员第一时间通知运维班人员至现场检查并将上述情况汇报调控值长。

地调第一时间与县调联系,反馈内容为:10kV 线路无故障信息反馈,10kV 间隔无保护动作信号。调控值长立即启动事故应急响应预案,发送事故汇报短信,组织值内调控员有序地开展故障录波文件远程调取、工业视频系统检查、故障点判定、制订事故处置方案等各项工作。

调控员故障处置思路:

(1) 事故发生后,A 变电站 10kV Ⅰ 段母线失电,需立即安排送电方案。依据故障录波文件远程调取及工业视频系统检查分析得出结果:A 变电站 1 号主变后备保护第一时限 2s 跳开 1 号主变 10kV 断路器,第二时限 2s 跳开 L1 线、110kV 母分、1 号主变 10kV 断路器,发生事故前 10kV 出线设备无保护动作信息,10kV 系统无接地现象,初步分析故障点在 10kV 母线范围,考虑由县调自行转送 10kV 重要负荷。

(2) 通知相关单位派发电车,恢复 A 变电站用电。A 变电站运维班人员申请将 1 号主变 10kV 断路器改为检修,10kV Ⅰ 段母线改为检修对故障点进行查找。后经检查发现故障点在 10kV 1 号站用变。将故障点隔离,并将 10kV Ⅰ 段母线清扫后,A 变电站 10kV Ⅰ 段母线恢复送电。

2.7.5 总结

1. 事故原因

5 月 25 日 A 变电站安排 10kⅡ 段母线集中检修工作,10kV 1 号站用变单台运行,其额定容量为 50kVA。当天 2 号主变滤油工作使用的滤油机功率为 30kW 左右,加上原有正常站用电负荷,10kV 1 号站用变接近满载运行。而该干式站用变压器连续运行 15 年,匝间或层间绝缘逐年老化,长时间满载运行导致干式变本体严重发热,引发匝间短路故障而烧毁。站用变故障产生的高温烟气进入母线仓,从而引发母线三相短路故障,最终通过 1 号主变后备保护切除故障点，造成 A 变电站 10kV 系统停电。

2. 暴露问题

（1）本次 A 变电站 2 号主变大修工作施工方案和检修方案均已备案。但大修施工方案现场勘查不仔细，未考虑检修电源问题。所需施工仪器虽然有列出滤油机，但未仔细核对容量。

（2）根据施工方案，5 月 25 日 A 变电站 10kVⅡ段母线集中检修期间，仅安排 2 号主变一、二次试验，未考虑到 5 月 24 日当天工作结束较迟，5 月 25 日仍需安排油循环工作。

（3）变电运维人员对站用变柜接出的负载未仔细审核，仅口头要求不要超载，未具体跟踪布置。

（4）县公司对重要变电站的站用变外移工作重视程度和推进力度不够。

3. 改进措施

（1）排查所有变电站站用变置于断路器柜内的情况，随站制订合理的所用变外移方案。

（2）加强检修计划管理与施工方案的编制、审核工作，避免母线集中检修与主变滤油等高耗能工作安排在同一天。除检修电源箱外，对检修电源临时接入采用运行班组长审批制度。

（3）施工或检修单位加强工作前的现场勘察，充分评估检修电源负荷承载力。在检修工作中对大功率施工设备严加管理，专人跟踪，杜绝此类事故的发生。

2.8　10kV 线路断路器拒动导致 110kV 主变跳闸

2.8.1　概要

2018 年 12 月 7 日 22 时 8 分，110kV A 变电站因下送 10kV 线路故障后断路器跳闸未完全切除故障电流，致使1号主变低压侧后备保护动作，1号主变10kV断路器跳闸，10kV母分备自投装置闭锁，10kV Ⅰ段母线失电。

2.8.2 故障前运行方式

110kV A 变电站：典型内桥接线，L1 线送 1 号主变，L2 线送 2 号主变，110kV 母分热备用、备自投装置投入；10kV 单母线分段接线，10kV 母分热备用、备自投装置投入。故障 A 变电站主接线如图 2-8 所示。

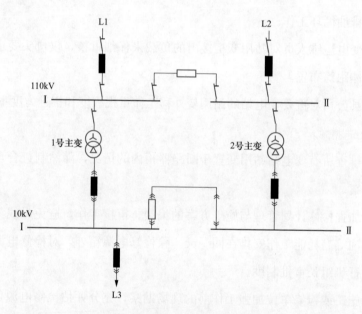

图 2-8 故障前 A 变电站主接线图

2.8.3 故障概况

2018 年 12 月 7 日 22 时 1 分，110kV A 变电站 10kV Ⅰ段母线 A 相单相接地，22 时 8 分 59 秒，A 变电站 L3 线路故障，过电流 Ⅰ、Ⅱ 段保护动作。22 时 9 分 1 秒，L3 线断路器延时跳闸并重合成功，1 号主变第一套、第二套低压侧后备保护动作，1 号主变 10kV 断路器跳闸，10kV 母分备自投装置闭锁，10kV Ⅰ段母线失电。

2.8.4　处置过程

22时08分，监控席调控员发现监控系统推送"A变1号主变第一套低后备保护动作""A变1号主变第二套低压侧后备保护动作""A变1号主变10kV断路器分位"等信息，同时通过监控系统发现A变电站10kV Ⅰ段母线失电。调控员第一时间通知运维班人员至现场检查并将上述情况汇报调控值长。

地调第一时间与配调联系，得到反馈为A变电站L3线故障跳闸，重合成功，除此之外无其他异常信号。调控值长立即启动事故应急响应预案，发送事故汇报短信，组织值内调控员有序地开展故障录波文件远程调取、工业视频系统检查、故障点判定、制订事故处置方案等各项工作。

调控员故障处置思路：

（1）事故发生后，A变电站10kV Ⅰ段母线失电，需立即安排送电方案。依据故障录波文件远程调取及工业视频系统检查分析得出结果：A变电站L3线线路有故障点。安排将A变电站L3线改热备用，对10kV Ⅰ段母线进行试送。

（2）遥控拉开A变电站L3线断路器，遥控合上A变电站1号主变10kV断路器，A变电站10kV Ⅰ段母线恢复送电，A变电站10kV Ⅰ段母线上除L3线外其余所有线路均恢复供电。

2.8.5　总结

1. 事故原因

故障起因为A变电站10kV L3线A相接地，B、C相电压被抬高至线电压，L3线B相薄弱点被击穿，发展为A、B相间短路接地故障。L3线过电流Ⅰ、Ⅱ段保护动作（0.3、1s），L3线断路器相应保护动作，断路器合闸位置继电器KCP返回，但分闸掣子和合闸保持滚轮因扣接深度较深、机构传动件黏滞或分闸弹簧乏力等原因未能完全克服死点而可靠脱扣完成分闸，故障电流未切断。1号主变低压侧后备保护动作（1.6s），跳开1号主变10kV断路器，切除故障电流。此时，L3 线断路器机构分闸弹簧力可能刚好延时完成释放，或受 1 号主变 10kV 断路器分闸动作产生的振动力影响，使其分闸掣子和合闸保持滚轮最终突破死点，完成分闸并重合成功。

2. 暴露问题

（1）纵向对比 L3 线断路器异常发生后及前两次检修时断路器试验相关数据，分闸最低动作电压较上次稍高，虽然不是引起断路器异常延时跳闸的直接原因，但也客观反映出该批断路器机构在长期未操作的情况下已出现一定程度的弹簧老化、机构传动件黏滞、润滑性下降等趋势。

（2）存在问题的断路器为 ZN12 型断路器，该断路器已在多地发生多起因机构问题导致延时分闸的事件。

3. 改进措施

（1）基于目前的情况，认为有必要对生产厂家该批次 ZN12 型断路器开展全面隐患排查，建议对相关变电站开展低负荷时段带电联跳工作，对各段母线各间隔断路器在运行状态模拟永久性故障开展 2 次"分—合—分"联动试验，提前发现并及时消除设备隐患。

（2）要求厂家配合梳理该型号同批次 10kV 断路器历年故障缺陷，明确异常原因，针对性地提出大修维保方案。运检部门据此及早安排集中检修，对该批次断路器机构开展大修，集中更换老化零部件，彻底消除设备隐患。

（3）加快剩余相关变电站老旧断路器柜改造进度，切实提升变电设备本质安全水平。

2.9　220kV 主变 35kV 侧近端三相短路故障导致主变跳闸

2.9.1　概要

2018 年 7 月 3 日 16 时 25 分，220kV A 变电站 35kV 1 号接地变压器成套

装置内部接地隔离开关B相支撑绝缘子，因环氧浇注制造过程产生大尺寸凹槽缺陷，在正常运行情况下爆裂引起三相短路；在低压侧三相近区短路电流的冲击作用下，1号主变A相低压绕组发生匝间短路和严重变形，引起1号主变差动和重瓦斯保护动作跳闸。

2.9.2 故障前运行方式

220kV A变电站，采用220kV双母线接线，并列运行；110kV双母线接线，并列运行；35kV单母线分段接线，35kV母分断路器热备用、备自投装置投入。故障A变电站主接线如图2-9所示。

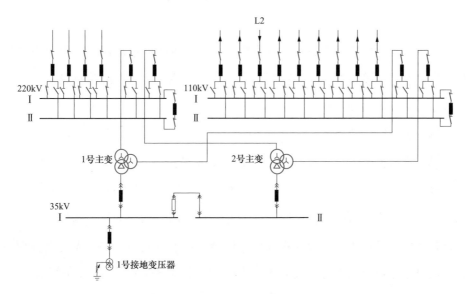

图2-9 故障前A变电站主接线图

2.9.3 故障概况

2018年7月3日16时25分，A变电站35kV 1号接地变压器保护动作，跳开35kV 1号接地变压器断路器，同时1号主变重瓦斯保护动作，跳开1号主变三侧断路器，A变电站35kV备自投装置动作正确，35、110kV母线均未失电。此次故障引起A变电站110kV母线电压沉降，导致下送供电区域内大部分用户变压器低压侧脱扣动作，损失大量普通用电负荷。

2.9.4　处置过程

16时25分，监控席调控员发现监控系统推送"A变35kV 1号接地变压器保护动作""A变1号主变重瓦斯保护动作""A变35kV备自投装置动作""A变1号主变220kV断路器分闸，A变1号主变110kV断路器分闸。A变1号主变35kV断路器分闸""A变35kV母分断路器合闸"等信息，同时通过监控系统发现A变电站110kV损失负荷较大，若短时内同时恢复用户负荷，将导致A变电站2号主变超载。调控员第一时间通知运维班人员至现场检查并将上述情况汇报调控值长。

调控值长立即启动事故应急响应预案，发送事故汇报短信，组织值内调控员有序地开展故障录波文件远程调取、工业视频系统检查、故障点判定、制订事故处置方案等各项工作。

调控员故障处置思路：

（1）事故发生后，A变电站下送110kV负荷损失严重，2号主变暂时不存在重载情况，但2号主变不满足 N−1 的运行要求，需要安排防全停技术措施，同时下送110kV负荷若逐步恢复，2号主变存在超载的压力。依据故障录波文件远程调取及工业视频系统检查分析得出结果：A变电站内主变无起火冒烟现象，故障录波显示为1号主变故障电流较大，未经检查不得对主变进行试送。

（2）A变电站1号主变故障跳闸后，失去主变中性点接地点，使A变电站主变失去零序通路，零序保护有无法正常动作的风险。

由于A变电站单主变运行存在六级电网风险，考虑通过220kV B变电站110kV L3线经110kV C变电站L2线转送A变电站110kV Ⅰ母及其上出线，其他线路均110kV Ⅱ母运行。

通知客户服务中心，最多可恢复A变电站下送110kV用户变压器负荷5万kW。

运维班运行汇报：A变电站内一次、二次设备无明显异常。35kV 1号接地变压器保护动作跳开 35kV 1 号接地变压器断路器，1 号主变重瓦斯保护动作跳开主变三侧断路器，1 号主变不可投运。

A 变电站防全停技术措施完成后，通知客户服务中心恢复 A 变电站下送 110kV 用户变压器负荷。至此，A 变电站下送 110kV 用户变压器负荷全部恢复。

后续将 A 变电站 1 号主变、35kV 1 号接地变压器改检修处理。

2.9.5 总结

1. 事故原因

最初引发故障的 A 变电站 35kV 1 号接地变压器 B 相支柱绝缘子内部存在大尺寸气道凹槽，为制造过程中浇筑工艺控制不良所致，造成运行情况下机械强度降低，并可能长期存在内部局部放电导致劣化加速，由于其在封闭柜体内部无法有效观测和检测，最终在此部位发生开裂脱落引起短路故障。同时，经对故障主变返厂解体分析，发现 A 相低压绕组存在严重变形和放电现象，其端部和 21-22 线饼烧损严重，绕组整体有扭转。分析原因为低压绕组换位导线设计选取屈服强度不足，轴向压紧设计不合理（上部器身压紧压块截面偏小，夹件紧固和铁芯绑扎强度不足），在外部短路电动力作用下，A 相整体轴向震荡失稳并引发饼间短路和变形。

2. 暴露问题

（1）主变故障跳闸后，接地变室监控摄像头处于掉线状态，导致无法回放还原故障视频画面；故障录波器在故障时多次启动读写存储卡造成死机，无法快速远程调阅故障波形；保护测控装置 GPS 对时不准，相关故障时序无法通过推算分析；先期抵达人员未能快速提供气体继电器有无气体等关键信息。以上多个原因导致调控员无法在 20min 内对故障进行快速研制。

（2）A 变电站 1 号主变事故跳闸后，失去主变中性点接地点，使 A 变电站主变失去零序通路，零序保护有无法正常动作的风险。

（3）事故情况下，当需要落实防全停技术措施时，由于涉及保护的操作，无法由调控端进行远方遥控，防全停通道建立的时间取决于现场运行人员到位的时间。

3. 改进措施

（1）开展同类绝缘子产品排查整治。对同厂家同型号接地隔离开关进行停电排查，对同型号同批次绝缘子产品进行更换。

（2）排查同类同批在运主变。按最新抗短路标准，完成在运 2009 年 6 月前同类主变的强度校核，根据评估报告商讨落实后续整改措施。

（3）对大型备品开展专项检查试验。对当前存储备用状态的备用主变、移动变、移动 GIS、移动断路器站等重要备品，迎峰度夏期间组织开展全面检查和试验，确保本体及附属设施完好状态，做到随时可调用。

（4）排查治理问题多发故障录波器。各检修单位对易死机、断线主变故障录波器开展排查，对同类问题故障录波器实施大修或更换。

（5）加强辅控系统运维消缺。各运维单位加强对变电站辅控视频监控系统、保护装置 GPS 对时准确性的日常巡视检查，发现问题及时上报缺陷流程，督促相关维保、检修单位在规定时间消缺闭环。

（6）补强箱体内部绝缘件监测防控手段。各检修单位结合停电对变环氧浇筑干式绝缘的站用变、接地变等封闭式成套装置，在箱体加装红外测温窗口和气溶胶。

（7）加强在运主变中、低压侧设备隐患排查。重点组织做好主变低压侧绝缘化整治，断路器柜标准化整治，低压侧电缆头整治、中、低压侧出线防雷整治，用户出线整治，站内无功及接地变压器和站用变设备整治（含超周期治理）等系列工作，防范中低压侧设备故障对在运行的主变造成冲击。

（8）开展事故应急处置流程培训。各运维单位加强对主变跳闸事故应急处置流程的培训演练，快速获取主变本体、压力释放阀、呼吸器、气体继电器等关键信息。增加事故情况下遥控操作调整主变中性点的措施。

（9）规范各类故障抢修处置流程。深刻吸取事件教训，修订各类故障应急处置卡，增加调用备品完好性试验检查条目，避免类似问题再次发生。

2.10 35kV 线路断路器分闸滞后
导致 110kV 主变 35kV 侧跳闸

2.10.1 概要

2018 年 1 月 27 日 19 时 48 分，110kV A 变电站因下送 35kV 线路故障断路器跳闸后重合于故障时未及时分闸，致使 1 号主变 35kV 侧后备保护动作，1号主变 35kV 断路器跳闸，35kV Ⅰ 段母线失电。

2.10.2 故障前运行方式

110kV A 变电站：典型内桥接线，L1 线送 1 号主变，L2 线送 2 号主变，110kV 母分热备用、备自投装置投入；35kV 单母线分段接线，35kV 母分热备用、备自投装置投入；10kV 单母线分段接线，10kV 母分热备用、备自投装置投入。故障前 A 变电站主接线如图 2-10 所示。

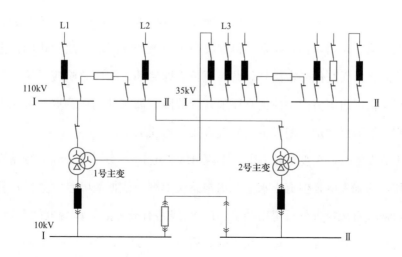

图 2-10 故障前 A 变电站主接线图

2.10.3 故障概况

2018 年 1 月 27 日 19 时 48 分，A 变电站 L3 线距离保护 II 段动作，BC 相故障，L3 线断路器跳闸，线路重合后 1 号主变 35kV 侧后备保护动作，1 号主变 35kV 断路器跳闸，35kV 备自投装置动作合上 35kV 母分断路器后加速跳开 35kV 母分断路器，35kV I 段母线失电。

2.10.4 处置过程

19 时 48 分，监控席调控员发现监控系统推送"A 变 1 号主变 35kV 后备保护动作""A 变 1 号主变 35kV 断路器分位"等信息，同时通过监控系统发现 A 变电站 35kV I 段母线失电。调控员第一时间通知运维班人员至现场检查并将上述情况汇报调控值长。

调控员故障处置思路：

(1) A 变电站 35kV I 段母线或出线上有故障，由于一、二次设备原因，故障未隔离，引起主变后备保护动作。

(2) A 变电站 35kV I 段母线上所带负荷由县调调控员自行转移。

(3) 主变后备保护动作，确认故障点并且隔离后，可以恢复主变送电。

地调第一时间与县调联系，得到反馈为 A 变电站 L3 线故障跳闸，重合成功，除此之外无其他异常信号。调控值长立即启动事故应急响应预案，发送事故汇报短信，组织值内调控员有序地开展故障录波文件远程调取、工业视频系统检查、故障点判定、制订事故处置方案等各项工作。

事故发生后，A 变电站 35kV I 段母线失电，L3 线下送 35kV 变备自投装置动作，均未失电，但有小水电机组与系统解列。依据故障录波文件远程调取及工业视频系统检查分析得出结果：L3 线线路有故障点，A 变电站 L3 线断路器机构存在异常情况，需进行初步检查后再对 35kV I 段母线进行试送。

A 变电站 L3 线改为冷备用，并对 A 变电站 35kV I 段母线初步检查，确认无异常后用35kV母分对A变电站35kVⅠ段母线进行试送，试送情况正常。

2.10.5　总结

1. 事故原因

L3线发生B、C相永久性故障后，A变电站L3线断路器跳闸，重合于故障后，加速跳L3线断路器，后台显示合闸线圈KCP分位信号（19时48分53秒54毫秒）到跳闸线圈KTP合位信号（19时53分0秒843毫秒）中间间隔4min。也就是说从保护出口，跳闸线圈动作后断路器实际机械机构有分闸动作，4min后，断路器分闸行程一次性变为终始状态，机械状态变为分闸，报KTP信号合位。断路器在合闸情况下模拟永久性故障时重合闸情况，故障跳开后重合，加速跳闸动作后断路器并未跳开（跳闸线圈有动作），过几分钟后断路器跳闸。在进行手动分、合闸试验时，出现了断路器合闸后，立即手动分闸无法分闸的情况，经过几分钟后，断路器又可分闸。此情况与故障时情况基本吻合，设备厂方认为极有可能是合闸弹簧疲软，导致机构合闸力度减小，影响了分闸动作行程。

2. 暴露问题

A变电站该批断路器于2001年11月投运，已运行将近17年，共计6台，于2015年做过中期维护，每台断路器均更换过所有弹簧。时隔3年，2018年1月合闸弹簧又出现疲软导致分闸异常情况，说明本身弹簧质量管控存在问题。

3. 改进措施

（1）对A变电站开展集中检修，对柜内断路器进行集中维护，更换易损件，开展机构维护；同时对断路器柜内穿柜套管进行更换，柜内母排进行绝缘化整治。

（2）针对A变电站35kV断路器运行时间较长且又出现过问题的情况，应适当缩短断路器检修周期，定期对断路器开展针对性维护，或直接更换断路器机构，以保障电网安全运行。

2.11　110kV 主变本体油位低导致主变跳闸

2.11.1　概要

2018 年 12 月 8 日，110kV A 变电站因 1 号主变本体油位偏低，引起本体轻瓦斯动作，后因 1 号主变本体油位过低，引起本体重瓦斯保护动作，造成 1 号主变失电。

2.11.2　故障前运行方式

110kV A 变电站，采用典型内桥接线，L1 线送 1 号主变，L2 线送 2 号主变，110kV 母分热备用、备自投装置投入；10kV 单母线分段接线，10kV 母分热备用、备自投装置投入。故障前 A 变电站主接线如图 2-11 所示。

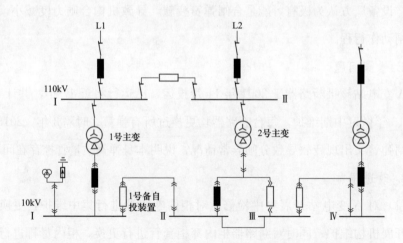

图 2-11　故障前 A 变电站主接线图

2.11.3　故障概况

2018 年 12 月 8 日 3 时 32 分，110kV A 变电站 1 号主变本体轻瓦斯动作，

4时28分1号主变本体重瓦斯动作，L1线断路器、1号主变10kV断路器跳闸，10kV1号母分备自投装置动作正确，10kV母线未失电。

2.11.4 处置过程

监控席调控员发现监控系统推送"A变1号主变本体重瓦斯动作""A变L1线断路器分位""A变1号主变10kV断路器分位""A变10kV1号母分断路器合位"等信息，同时通过监控系统发现A变电站1号主变失电。调控员第一时间通知运维班人员至现场检查并将上述情况汇报调控值长。

调控值长立即启动事故应急响应预案，发送事故汇报短信，组织值内调控员有序地开展故障录波文件远程调取、工业视频系统检查、故障点判定、制订事故处置方案等各项工作。

调控员故障处置思路：

（1）依据故障录波文件远程调取及工业视频系统检查分析得出结果：A变电站1号主变本体重瓦斯动作，10kV1号备自投装置动作正确，用户未失电，同时未发现故障电流，但未经检查不得进行试送。

（2）A变电站单主变送电，通知县配调做好A变电站全停事故预案。

A变电站现场运维人员汇报1号主变油位偏低引起本体重瓦斯保护动作，现油位已补至正常位置后主变恢复正常送电。

2.11.5 总结

1. 事故原因

A变电站1号主变气体继电器为双浮球结构，当油管液面下降时，浮球位置跟随下降。现场发现1号主变本体油位计低油位触点调整不到位，在油位降至下限时未闭合行程断路器报警，同时气温降低引起油位持续下降，带动油流挡板动作，其上的永久磁铁沿接点下滑，引起1号主变本体轻瓦斯保护和重瓦斯保护相继动作。

2. 暴露问题

（1）1 号主变本体油位计低油位触点调整不到位，在油位降至下限时未闭合行程断路器报警。

（2）运维人员巡视不到位，11 月 26 日设备巡视时存在走过场的情况，未能及早发现 1 号主变油位偏低情况。

3. 改进措施

（1）各检修单位应加强对主变本体和有载油位表的投产验收，结合主变检修开展油位核对检查，油位节点告警试验，主变油位偏低的情况应及时安排补油。

（2）运维人员结合日常巡视，利用红外检测手段开展充油设备实际油位与刻度的比对排查。

（3）逐一排查充油设备油位，对油位偏低的设备及时安排补油。

2.12 10kV 母线电压互感器故障导致 110kV 主变跳闸

2.12.1 概要

2018 年 11 月 29 日，110kV A 变电站因下送 10kV 出线故障引起 10kV Ⅳ 段母线电压互感器严重烧损，造成 3 号主变后备保护动作，3 号主变 10kV 断路器跳闸，10kV Ⅳ 段母线失电，损失负荷 0.7 万 kW。

2.12.2 故障前运行方式

110kV A 变电站，1、2 号主变内桥接线，3 号主变采用线路—变压器接线，110kV 母分热备用、备自投装置投入；10kV 单母线分段接线，10kV 1、2 号母分热备用，备自投装置投入。故障前 A 变电站主接线如图 2-12 所示。

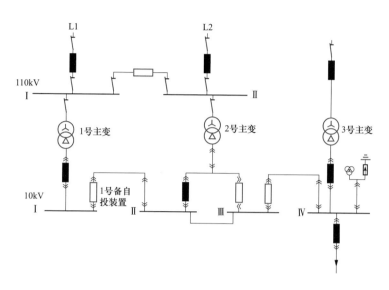

图 2-12　故障前 A 变电站主接线图

2.12.3　故障概况

2018 年 11 月 29 日 15 时 44 分，A 变电站 3 号主变后备保护动作，3 号主变 10kV 断路器跳闸，10kV Ⅳ段母线失电，损失负荷 0.7 万 kW。

2.12.4　处置过程

15 时 44 分，监控席调控员发现监控系统推送"A 变 3 号主变后备保护动作""A 变 3 号主变 10kV 断路器分位"等信息，同时通过监控系统发现 A 变电站 3 号主变及 10kV Ⅳ段母线失电。调控员第一时间通知运维班人员至现场检查并将上述情况汇报调控值长。

调控值长立即启动事故应急响应预案，发送事故汇报短信，组织值内调控员有序地开展故障录波文件远程调取、工业视频系统检查、故障点判定、制订事故处置方案等各项工作。

调控员故障处置思路：

（1）A 变电站 10kV Ⅳ段母线出线上有故障，由于一、二次设备原因，故障未隔离，引起主变后备保护动作；或母线上有故障，保护正常动作；

（2）A 变电站 10kV Ⅳ段母线上所带负荷由县调调控员自行转移；

（3）主变后备保护动作，确认故障点并且隔离后，可以恢复主变送电。

依据故障录波文件远程调取及工业视频系统检查分析得出结果：A 变电站 3 号主变存在明显故障电流，10kV Ⅳ段母线失电，需立即安排负荷转送。

A 变电站现场运维人员汇报 10kV 断路器室内有浓烟。A 变电站 10kV Ⅳ段母线改为检修进行抢修检查。10kV Ⅳ段母线下送 10kV 负荷由县调调控员转送完毕。

经查为 10kV Ⅳ段母线电压互感器三相短路放电，引起电弧燃烧，后将 10kV Ⅳ段母线电压互感器拆除，通过 10kV 2 号母分恢复 10kV Ⅳ段母线送电。

2.12.5 总结

1. 事故原因

故障发生前，A 变电站 10kV 线路 C 相接地，系下送某开关站分线间隔电缆头故障引起，此时变电站内 10kV Ⅳ段母线 A、B 相母线电压抬高。现场在对电压互感器二次接线端子部分进行清理破拆试验后发现，B 相 Da-Dn 绕组变比为 866：1，较投产值 173：1 存在较大变化。故推断，由于 A、B、C 三相电压互感器为闭口三角接线方式，绕组变比变化引起压差导致环流；同时，二次线缆外皮材料（聚氯乙烯）绝缘性能不佳，耐热性差，进而导致闭口三角二次小线外皮燃烧，形成烟雾在柜内聚集，柜体内部空气绝缘快速劣化，致使母线电压互感器三相短路放电，引起电弧燃烧。

2. 暴露问题

（1）开展 10kV Ⅳ段母线压变预试工作时，未严格按照四相压变试验项目进行电压互感器变比、二次线缆的检查试验。

（2）该母线上接地变压器消弧线圈未投入，未能有效抑制接地过电压。

3. 改进措施

（1）加强对二次线缆的管理，在项目竣工验收及日常检验工作过程中，加强对电压互感器变比及线缆绝缘检查。

（2）再次检查变电站内消弧线圈投入情况，加快故障消弧线圈的消缺，并尽快投入。

2.13　220kV 母线电压互感器故障导致母线跳闸

2.13.1　概要

2018 年 11 月 29 日 2 时 50 分，220kV A 变因 220kV Ⅱ段母线电压互感器隔离开关 A 相 GIS 气室故障引起 220kV 母差保护动作，导致 220kV Ⅱ段母线停电。

2.13.2　故障前运行方式

220kV A 变电站，220kV 双母线接线，并列运行；110kV 单母线分段接线，并列运行；35kV 单母线分段接线，35kV 母分断路器热备用、备自投装置投入。故障前 A 变电站主接线如图 2-13 所示。

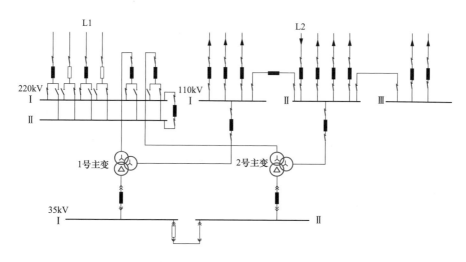

图 2-13　故障前 A 变电站主接线图

2.13.3 故障概况

2018 年 11 月 29 日 2 时 50 分，220kV A 变电站 220kV 第一、二套母差保护动作，220kV L1 线断路器、220kV 母联断路器、2 号主变 220kV 断路器跳闸。110kV 侧由于合环运行，未失电。

2.13.4 处置过程

监控席调控员发现监控系统推送"A 变 220kV 第一、二套母差保护动作""A 变 L1 线第一、二套保护出口跳闸"等信息，同时通过监控系统发现 A 变电站 220kV Ⅱ段母线失电，2 号主变由 110kV 送 35kV Ⅱ段母线；调控员第一时间通知运维班人员至现场检查并将上述情况汇报调控值长。

调控值长立即启动事故应急响应预案，发送事故汇报短信，组织值内调控员有序地开展故障录波文件远程调取、工业视频系统检查、故障点判定、制订事故处置方案等各项工作。并将以上信息立即汇报省调。

调控员故障处置思路：

（1）事故发生后，正值用电低谷时段，并未对系统和用户造成较大影响，此时先考虑调整运行方式，并落实 220kV A 变电站防全停措施；

（2）母差保护动作，对相应间隔检查无异常情况，冷倒至运行母线送电。

A 变电站 35kV Ⅰ、Ⅱ段母线均由 1 号主变送电，2 号主变 110、35kV 断路器改为热备用。

落实防全停技术措施：B 变电站 L2 线送 A 变电站 110kV Ⅱ段母线及其上出线。经省调同意，A 变电站 2 号主变冷倒至 220kV Ⅰ母运行，2 号主变带电。A 变电站 35kV 恢复分列运行方式，防全停技术措施继续保持。

2.13.5 总结

1. 事故原因

A 变电站 220kV Ⅱ段母线电压互感器隔离开关 A 相气室内部可能存在若

干细微的杂质颗粒，2018 年 11 月 22 日～24 日更换观察窗工作过程中，对该气室进行了气体回收、抽真空和充气等工作，回充所使用的 SF$_6$ 气体虽经检测机构检测合格，但产生的气流改变了气室内的颗粒分布，使颗粒呈现不规则悬浮或附着状态。待设备复役带电后，在高场强作用下，杂质颗粒在盆式绝缘子或筒壁表面重新排列，逐步形成贯通放电通道，最终导致盆式绝缘子闪络或屏蔽罩对筒壁放电，引起 220kV 母差保护动作。

2. 暴露问题

GIS 充气类设备导体和绝缘件封闭，对于潜在的内部放电隐患，在日常带电检测过程中未能有效排查发现。

3. 改进措施

（1）全面开展 ZF11-252 型 GIS 专业巡视，加强 GIS 设备在漏气处理、开筒大修等检修工作后的局部放电带电检测，重点关注断路器、隔离断路器气室以及盆式绝缘子、法兰面等，提前发现 GIS 设备潜在性隐患。

（2）GIS 设备开筒检修必须严格执行标准作业流程，加强检修过程、关键工艺和质量验收把控，确保筒体内部、绝缘件及法兰密封面清洁、无杂质。

第 3 章　二次设备或直流异常引起的电网故障

3.1　220kV 主变差动保护异常引起误动

3.1.1　概要

2014 年 7 月 9 日 9 时 58 分，220kV A 变电站 35kV L1 线用户侧发生 B、C 相接地故障，后故障演变为三相短路。由于 1 号主变第一套保护 35kV 侧 B 相采样插件运行异常，无法正确采样，导致区外故障时 1 号主变差动保护异常动作，跳开 1 号主变三侧断路器；35kV 母分备自动投装置正确动作，合 35kV 母分断路器，整个过程未损失负荷。

3.1.2　故障前运行方式

220kV A 变电站，220kV 双母线接线，并列运行；110kV 单母线分段接线，并列运行；35kV 单母线分段接线，分列运行，35kV 备自投装置投入。故障前 A 变电站主接线如图 3-1 所示。

3.1.3　故障概况

2014 年 7 月 9 日 9 时 58 分 30 秒左右，35kV L1 线发生 B、C 相相间短路期间，L1 线保护未出口（0.3s），40ms 后，故障转换为三相短路，1 号主变 35kV 一次故障电流已经达到 13kA（二次值 33A），由于 1 号主变第一套保护 35kV 侧 B 相电流采样异常，导致差动保护（B 相，差流为 5.6A）异常动作，跳 1 号主变三侧断路器。

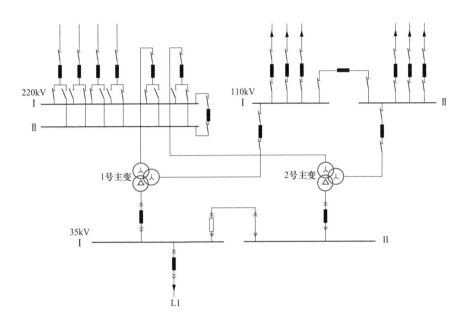

图 3-1　故障前 A 变电站主接线图

3.1.4　处置过程

9 时 58 分，监控席调控员发现监控系统推送"A 变 1 号主变差动保护动作""A 变 1 号主变 220kV 断路器分闸，110kV 断路器分闸，35kV 断路器分闸"等信息。调控员第一时间通知运维班人员至现场检查并将上述情况汇报调控值长。

调控值长立即启动事故应急响应预案，发送事故汇报短信，组织值内调控员有序地开展故障录波文件远程调取、工业视频系统检查、故障点判定、制订事故处置方案等各项工作。

调控员故障处置思路：

（1）根据监控信息"1 号主变差动保护动作"，依据调度规程未查明原因前主变不可恢复送电；

（2）关注 1 号主变跳闸后是否导致 2 号主变重载；

（3）1 号主变跳闸后，造成 A 变电站 220、110kV 主变中性点失去，因隔离开关不具备遥控条件，待运维人员到达现场后立即恢复 2 号主变 110、220kV 主变中性点；

（4）A 变电站 2 号主变单主变运行，存在六级电网风险。

运维人员对现场一次设备检查无明显异常，检修人员对故障录波及保护进行分析。

（1）故障录波。0ms 时，35kV Ⅰ段母线发生 C 相接地短路，A、B 相电压上升为线电压，并出现零序电压，此时 B、C 相出现约 3A 的故障电流，此故障持续大约 150ms 后消失；150～200ms 间，1 号主变低压侧恢复为负荷电流；210ms 后，L1 线出现三相短路现象，故障电流达 35A；260ms，1 号主变第一套差动保护动作，跳开主变三侧断路器，35kV Ⅰ段母线失压，2s 后 35kV 母分备自投装置正确动作，合 35kV 母分断路器，35kV Ⅰ段母线电压恢复正常。

从主变高、中、低压三侧电流相角和大小来看，故障时，高、中压侧电流方向相同，低压侧电流与高、中压侧电流方向相反（角差 150°左右），电流归算至同一侧，则高、中、低压三侧电流之和接近于零，从以上数据判断此次故障为主变 35kV 侧远端区外故障。

（2）1 号主变保护录波。

1）1 号主变第一套保护 09：58：29：544 差动保护启动。启动前高压侧、中压侧正常负荷电流，低压侧 A、C 相电流正常（0.96A），但 B 相电流无采样。启动后 A 相为负荷电流（0.8A），C 相电流出现突变，约为 3A，B 相电流为 0；在 150～200ms 间，A、C 相电流恢复为负荷电流（0.8A）；200ms 后，A、C 相出现故障电流（33A），但 B 相电流无采样，B 相差动电流达到 5.6A，导致 B 相差动保护动作；260ms 差动保护出口，A、C 相差流为 0.12A。

2）1 号主变第二套保护 09：58：29：547 差动保护启动，启动前高压侧、中压侧、低压侧均为负荷电流，低压侧三相电流为 0.95A，启动后 A 相为负荷电流（0.8A），B、C 相电流出现故障分量（3A），在 150～200ms 间，A、B、

C相电流恢复为负荷电流（0.8A），200ms后，A、B、C三相出现故障电流（33A），A、B、C三相差流均小于0.15A。

（3）主变及断路器检查情况：对主变三侧断路器进行检查，均无异常，主变油化试验正常。

依据上述结论判断为1号主变差动保护范围外故障，1号主变第一套差动保护误动，导致1号主变跳闸。

将1号主变停役，对1号主变第一套差动保护及二次回路进行检查，经检查，1号主变三侧电流回路无开路现象，绝缘测试值满足要求（大于150MΩ），有且仅有一点接地，二次回路及装置插件无任何松动；校验主变保护采样精度时发现，主变低压侧B相电流存在时断时续的情况，其他电流通道均正常。更换整个保护装置（CUP插件除外），进行采样精度试验，所有电流通道均恢复正常。A变电站1号主变恢复正常运行。

3.1.5 总结

1. 事故原因

35kV L1线发生短路之前，1号主变第一套保护35kV侧B相电流已经出现采样异常，正常情况下，B相差流为0.14A，未达到阈值（0.785A），故障时，B相差流为5.6A，主变差动保护异常动作。

2. 暴露问题

1号主变第一套保护装置交流采样回路存在异常，当外部发生短路故障时，第一套差动保护发生了误动作。

3. 改进措施

（1）对交流采样插件做进一步检查，并书面确认缺陷位置仅与交流采样板有关，排除CPU插件故障的可能性。

（2）加强制造环节工艺控制，防止类似现象再次发生。

（3）优化TA断线判据，实现正常负荷情况下TA回路断线告警。

（4）请运行单位加强设备巡视，在巡视中查看电流电压采样值和差流值，如发现采样异常，及时与主管部门及检修单位联系。

（5）变电检修室联合运行单位对公司范围内的同型号主变保护安排专门巡查，重点检查交流采样回路。

3.2　220kV 主变重瓦斯保护回路电缆绝缘破损引起重瓦斯保护误动

3.2.1　概要

2014 年 2 月 22 日 11 时 3 分，220kV A 变电站 1 号主变重瓦斯保护回路电缆绝缘破损，引起 1 号主变重瓦斯保护动作，跳开 1 号主变三侧断路器，造成 35kV Ⅰ段母线失电，损失负荷 2.4MW。

3.2.2　故障前运行方式

220kV A 变电站，220kV 双母线带旁路接线，220kV 并列运行；110kV 双母线带旁路接线，110kV 并列运行；35kV 单母线分段接线，35kV 母分热备用，35kV 备自投装置退出。故障前 A 变电站主接线如图 3-2 所示。

3.2.3　故障概况

2014 年 2 月 22 日 11 时 3 分，220kV A 变电站 1 号主变本体重瓦斯保护动作，跳开 1 号主变三侧断路器，因 A 变电站 35kV 备自投装置信号状态，导致 35kV Ⅰ段母线失电，110kV 母线未失电。

3.2.4　处置过程

11 时 3 分，监控席调控员发现监控系统推送 220kV A 变 1 号主变 220kV

断路器分闸，A变1号主变器110kV断路器分闸，A变1号主变器35kV断路器分闸"等信息，同时通过监控系统发现A变电站2号主变超载。调控员第一时间通知运维班人员至现场检查并将上述情况汇报调控值长。

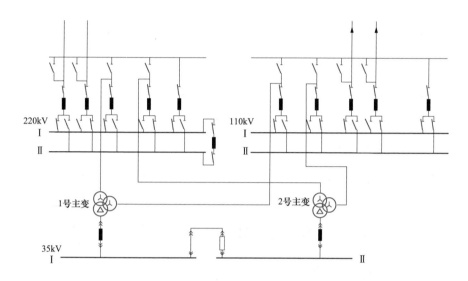

图3-2 故障前A变电站主接线图

调控值长立即启动事故应急响应预案，发送事故汇报短信，组织值内调控员有序地开展故障录波文件远程调取、工业视频系统检查、故障点判定、制订事故处置方案等各项工作。

调控员故障处置思路：

（1）根据监控信息"1号主变重瓦斯保护动作"，调控员可判断一般为主变内部故障，主变短时无法恢复送电。

（2）由于A变电站1、2号主变并列运行，1号主变跳闸后导致2号主变重载，应立即采取调度端遥控措施转移2号主变负荷至相邻220kV变电站，确保2号主变不重载。

（3）同时35kVⅠ段母线失电，引起35kV L1线失电，主变重瓦斯保护动作，可确认35kVⅠ段母线无故障，可考虑通过35kV母分恢复送电。

（4）1号主变跳闸后，造成A变电站220、110kV主变中性点失去，因隔离开关不具备遥控条件，待运维人员到达现场后立即恢复 2 号主变 220、110kV 主变中性点。

（5）A 变电站 2 号主变单主变运行，存在电网风险，考虑 A 变电站防全停措施调整。

事故发生后，A 变电站 2 号主变重载，35kV Ⅰ 段母线失电；经调控员遥控操作调整 A 变电站下送 110kV 供电方式，减轻 A 变电站 2 号主变负荷；通过遥控合上 35kV 母分，恢复 A 变电站 35kV Ⅰ 段母线供电。

运维人员到达现场，对跳闸设备进行检查。合上 A 变电站 2 号主变 220、110kV 中性点接地开关。

经查为 1 号主变本体重瓦斯回路电缆绝缘异常，导致非电量保护（本体重瓦斯）动作，主变三侧断路器跳闸。将绝缘受损电缆修复后，经联动试验合格，A 变电站 1 号主变恢复运行，相关方式调回。

3.2.5 总结

1. 事故原因

A 变电站 1 号主变本体重瓦斯保护回路 J3（公共端）与回路 07（本体重瓦斯）电缆芯在电缆安装施工时电缆皮被割刀划破，受损电缆芯由于包扎在电缆头内，平时巡视时不易发现。正常干燥气候情况下，电缆芯绝缘良好，近日因连续多天雨雪天气，空气湿度较大，导致破损电缆芯之间绝缘下降，回路 J3（公共端）与回路 07（本体重瓦斯）导通，1 号主变本体重瓦斯保护动作出口，1 号主变三侧跳闸。

2. 暴露问题

（1）主变故障跳闸后，故障录波器在故障时多次启动读写存储卡造成死机，无法快速远程调阅故障波形。

（2）A 变电站 1 号主变事故跳闸后，失去主变中性点接地点，使 A 变电站主变失去零序通路，零序保护有无法正常动作的风险。

3. 改进措施

（1）针对 A 变电站本体端子箱内电缆芯受潮绝缘下降的情况，对 A 变电站断路器端子箱、本体端子箱内加热器和除湿器运行情况进行普查，更换和修复受损加热器和除湿器。

（2）加强每年进行的主变非电量回路绝缘检查工作，对每个变电站历年的非电量回路绝缘数据进行对比，对绝缘数据有较大变化的变电站相关非电量回路进行重点检查。

（3）加强变电站施工质量把控，消灭隐患于未然。

（4）加强故障录波器、保信子站等设备的维护。组织开展故障录波器、保护信息子站运行情况排查，组织录波器定期试拍远程联动检查，提高相关设备缺陷的现场消缺效率。结合省公司无人值班故障录波联网实用化提升重点工作，完成故障录波器软件升级，提升故障录波器远程试拍及自检告警信息上传能力，提高故障录波器远程维护水平。

3.3　10kV 线路保护拒动导致 110kV 主变跳闸

3.3.1　概要

2017 年 10 月 13 日 4 时 37 分，110kV A 变电站 2 号低压侧后备保护动作，跳开 2 号主变 10kV 断路器并闭锁 10kV 母分备自投装置，造成 A 变电站 10kV Ⅱ段母线失电，其下送 9 条 10kV 线路失电，损失负荷 2MW。

3.3.2　故障前运行方式

110kV A 变电站，采用典型内桥接线，L1 线送 1 号主变，L2 线送 2 号主变，110kV 母分断路器热备用、备自投装置投入，10kV 母分断路器热备用、备自投装置投入。故障前 A 变电站主接线如图 3-3 所示。

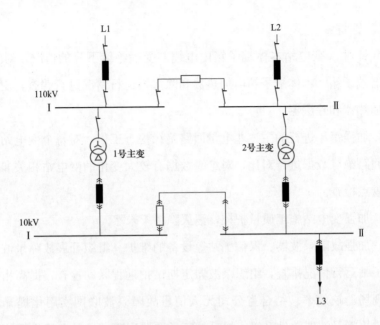

图 3-3　故障前 A 变电站主接线图

3.3.3　故障概况

2017 年 10 月 13 日 4 时 37 分，110kV A 变电站 2 号主变第一、二套保护低压侧复压过电流 Ⅰ 段 1 时限动作，跳开 2 号主变 10kV 断路器并闭锁 10kV 母分备自投装置，造成 A 变 10kV Ⅱ 段母线失电，其下送 9 条 10kV 线路失电，损失负荷 2MW。

3.3.4　处置过程

4 时 37 分，监控席调控员发现监控系统推送 "A 变 2 号主变第二套保护动作" "A 变 2 号主变第一套保护动作" "A 变 2 号主变 10kV 断路器分闸" 等信息，同时通过监控系统发现 A 变电站 10kV Ⅱ 段母线失电，10kV 母分断路器未合闸。调控员第一时间通知运维班人员至现场检查，并将上述情况汇报调控值长。

调控值长立即启动事故应急响应预案，发送事故汇报短信，组织值内调控员有序地开展故障录波文件远程调取、工业视频系统检查、故障点判定、制订事故处置方案等各项工作。

调控员故障处置思路：

（1）2 号主变保护动作仅跳开 2 号主变 10kV 断路器，同时 10kV 母分备自投装置未动作，说明主变主保护（差动、瓦斯保护）未动作，初步判断为 2 号主变低压侧后备保护动作，同时闭锁 10kV 备自投装置。判断故障范围为 10kV 母线及以下。

（2）立即联系配调，确认 2 号主变跳闸前，10kV L3 线接地，随后断路器跳闸；主变跳闸时刻，正在试送 L3 线，现 L3 线断路器合位，其余无异常信息。

（3）综合以上信息，调控员基本可断定试送时 L3 线路故障，同时 L3 线保护未动作，导致 2 号主变后备保护越级跳闸。同时通过工业视频查看 A 变电站 10kV 断路器室无烟雾。

（4）要求配调立即遥控拉开 L3 线断路器，准备试送 2 号主变 10kV 断路器恢复 10kV Ⅱ段母线送电。

配调遥控将 L3 线断路器改热备用，将故障线路隔离；调控员遥控合上 A 变电站 2 号主变 10kV 断路器，10kV Ⅱ段母线恢复送电。

3.3.5　总结

1. 事故原因

L3 线保护装置出现系统软重启，在重启过程中 L3 线短时失去保护功能，导致试送于故障时，线路保护未能正确动作。

2. 暴露问题

经厂家内部对线路保护模拟实验及保护程序源代码分析发现，保护装置 COM 板在向 CPU 板召唤录波时存在内存分配大于总任务栈缓存上限的问题，该问题可能会导致系统重启。

3. 改进措施

（1）本次 CSC211 线路保护装置重启的直接原因是录波数据上送过程内存超限导致堆栈溢出。解决此问题的措施是对装置软件进行升级优化，修改录波数据缓存数组长度为全局变量，可解决系统重启的问题。目前，正在对电网存在该类问题的保护装置梳理统计，并制订相关整改措施和整改计划。

（2）进一步加强继电保护软件版本管理。严格执行继电保护和安全自动装置软件版本管理规定，加强新改扩建工程调试、验收环节版本核查，杜绝未经专业检测的软件版本投入运行。

3.4　110kV 主变后备保护装置故障引起保护误动

3.4.1　概要

2018 年 8 月 27 日 23 时 58 分，110kV A 变电站因 1 号主变 110kV 后备保护装置故障，造成 1 号主变跳闸。

3.4.2　故障前运行方式

110kV A 变电站，采用典型内桥接线，L1 线送 1 号主变，L2 线送 2 号主变，110kV 母分断路器热备用、备自投装置投入，10kV 母分断路器热备用、备自投装置投入。故障前 A 变电站主接线如图 3-4 所示。

3.4.3　故障概况

2018 年 8 月 27 日 23 时 58 分，110kV A 变电站 1 号主变后备保护动作，L1 线断路器、1 号主变 10kV 断路器跳闸。10kV 1 号母分备用电源自动投入动作，合上 10kV 1 号母分断路器，未造成用户失电。

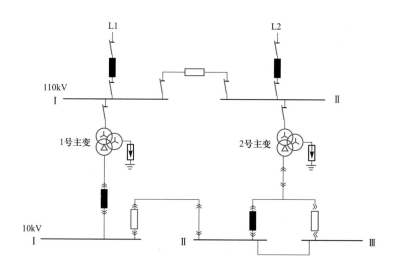

图 3-4　故障前 A 变电站主接线图

3.4.4　处置过程

23 时 58 分，监控席调控员发现监控系统推送"A 变 1 号主变后备保护动作""A 变 L1 线断路器分位""A 变 1 号主变 10kV 断路器分位""A 变 10kV 母分断路器合位"等信息，同时通过监控系统发现 A 变电站 1 号主变失电。调控员第一时间通知运维班人员至现场检查并将上述情况汇报调控值长。

调控值长立即启动事故应急响应预案，发送事故汇报短信，组织值内调控员有序地开展故障录波文件远程调取、工业视频系统检查、故障点判定、制订事故处置方案等各项工作。

调控员故障处置思路：

（1）A 变电站 1 号主变后备保护动作，跳开 L1 线及主变 10kV 断路器，基本确定为主变 110kV 后备保护动作跳闸，可查看主变整定单确认。

（2）主变差动、瓦斯保护均未动作，基本可排除主变内部故障；其次主变 10kV 后备保护也未动作，可初步判断为可能主变差动保护或后备保护未投入，导致主变 110kV 后备越级跳闸，或主变 110kV 后备保护误动。

（3）调取故障录波，确认是否有故障电流，若有故障电流，则可确认为主变差动保护或 10kV 后备保护未投入；若无故障电流，基本可断定为主变 110kV 后备保护误动。

（4）A 变电站 10kV 母分备自投装置动作正确，未引起失电。关注 A 变电站 2 号主变负荷情况。

A 变电站现场运维人员检查发现 1 号主变 110kV 后备保护动作灯亮，装置内有继电器反复动作声音。同时，后台重复报 A 变电站 1 号主变后备保护动作及复归，依据主变整定单、故障录波文件远程调取及工业视频系统检查分析得出结果为 10kV 1 号母分备自投装置采用旧逻辑，不经 1 号主变后备保护闭锁，合上 10kV 1 号母分断路器后，10kV I 段母线恢复送电，用户未失电。从故障录波分析未有故障电流产生，怀疑是保护装置误动，故未经检查不得进行试送。

A 变电站现场运维人员申请将 1 号主变停役进行消缺处理。经更换 A 变电站 1 号主变 110kV 后备保护 CPU 插件后，恢复正常方式。

3.4.5　总结

1. 事故原因

调取 A 变电站 1 号主变 110kV 后备保护装置内故障录波文件进行分析，发现该保护装置每隔 12s 左右保护动作启动录波。单录波文件中，每隔 2s A 相出现 13A 左右突变电流，持续时间 0.05s，同时三相电压下降为零。B、C 两相电流一直为零。保护定值为 5.4A，故装置出现反复动作复归现象。由于此时实际一次电流为零，怀疑保护装置 CPU 硬件故障引起。硬件故障可能原因为：①CPU 板采样回路芯片（MAX125）或阻容器件故障；② 内存芯片（LY625128）老化出现故障。

2. 暴露问题

A 变电站 1 号主变后备保护装置的型号为 STS369T，该装置存在家族性隐患，应加快设备改造进度。

3. 改进措施

（1）全面排查所有 STS369T 型保护装置运行情况，查看近期内是否有装置告警或采样异常信号。

（2）故障板件返厂进行检测，由保护装置厂家给出书面检测报告以及同类设备清单和后续整改措施。

（3）加快全地区 STS369T 型保护装置改造。尚未立项改造的应抓紧落实项目，提前准备项目需求。已落实项目的变电站尽快实施。

3.5 直流蓄电池故障导致 110kV 变电站全停

3.5.1 概要

2019 年 3 月 24 日 10 时 21 分，110kV A 变电站因站内蓄电池组出现开路，同时 A 变电站下送 10kV 线路故障，引起整站直流短时失去，造成 A 变电站整站保护均失去，由对侧 220kV B 变电站 L1 线、C 变电站 L2 线保护相继切除故障，致使 A 变电站整站全停事故，损失负荷 30MW。

3.5.2 故障前运行方式

220kV B 变电站 L1 线送 110kV A 变电站 110kV Ⅰ 段母线；220kV C 变电站 L2 线送 110kV A 变电站 110kV Ⅱ 段母线。

110kV A 变电站，采用典型内桥接线，L1 线送 1 号主变，L2 线送 2 号主变，110kV 母分断路器热备用、备自投装置投入，10kV 母分断路器热备用、备自投装置投入。故障前 A 变电站主接线如图 3-5 所示。故障前局部电网潮流接线如图 3-6 所示。

地区电网故障处置典型案例汇编

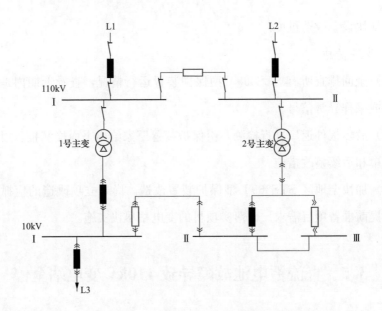

图 3-5　故障前 A 变电站主接线图

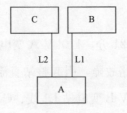

图 3-6　故障前局部电网潮流接线图

3.5.3　故障概况

2019 年 3 月 24 日 10 时 21 分，A 变电站 10kV L3 线近端电缆故障，导致 A 变电站 10kV Ⅰ 段母线电压骤降，达到站用电切换定值。正常情况下，切换过程中全站保护、控制直流应由蓄电池供电，此时第 45 节蓄电池内部开路导致整组蓄电池组无法主供负荷，站内所有保护装置直流电源失去。最终由 220kV B 变电站 L1 线距离Ⅲ段保护动作切除故障，A 变电站 1 号主变及 10kV Ⅰ 段母线失电。

此后，站用变Ⅰ段经 8s 自动切换至站用变Ⅱ段供电，直流恢复正常运行。

80

同时，保护装置、自动装置自动重启后恢复正常运行。运维人员到达现场检查站内保护、自动装置均未有动作信号，无法发现10kV线路异常（线路保护因失去直流电源导致拒动）。

11时45分，在异常处置恢复送电过程中，用A变电站10kV母分对10kVⅠ段母线进行试送时，形成A变电站10kVⅠ、Ⅱ、Ⅲ段均由2号主变供电。由于L3线路故障未隔离，引起10kVⅠ、Ⅱ、Ⅲ段母线电压沉降，10kV 1、2号站用变压器输出电压均降低，直流充电机输出直流电压降低。同时，第45节蓄电池开路现象导致整组蓄电池组仍无法主供负荷，全站保护、控制装置直流电源再次失去，A变电站内保护仍然无法正确动作切除故障，最终由C变电站L3线距离Ⅲ段保护动作切除故障，A变电站全站失电。

3.5.4 处置过程

10时21分，监控席调控员发现监控系统推送"B变L1线事故跳闸"等信息，同时发现A变电站内前置机退出，整站"三遥"信息数据不刷新，调控员第一时间通知运维人员至现场检查并将上述情况汇报调控值长。

调控值长立即启动事故应急响应预案，发送事故汇报短信，组织值内调控员有序地开展故障录波文件远程调取、工业视频系统检查、故障点判定、制订事故处置方案等各项工作。

调控员故障处置思路：

（1）A变电站前置机退出，整站数据不刷新，与B变电站L1线距离保护动作几乎同时出现。可推测，A变电站通信光缆与L1线同沟，电缆、通信光缆遭外力破坏。此时，A变电站110、10kV母分备自投装置应正确动作，A变电站10kV母线应该恢复供电。地调可联系配调，询问A变电站母线下送10kV出线是否带电。

（2）若A变电站10kV母线下送出线均失电。说明A变电站10kV母线失电，考虑A变电站整站数据不刷新，基本可断定A变电站整站直流失去，导致 A 变电站保护均未动作。运维人员到达现场后,重点检查直流情况。

(3)调取故障录波文件及 A 变电站工业视频,根据录波文件及故障简报,分析判断事故原因。

依据故障录波文件远程调取,以及工业视频系统检查分析,得出结论:L2 线距离Ⅲ段保护动作,A、C 相间故障,故障测距为 316km。基本可判定故障点在 A 变电站 1 号主变以下,同时站内直流失去,A 变电站保护拒动,B 变电站 L1 线保护越级跳闸。

A 变电站现场运维人员经初步检查后汇报:L1 线断路器、1 号主变 10kV 断路器均在合位,110kV、10kV 备自投装置均未动作。现场交、直流检查无异常情况。

A 变电站 1 号主变 10kV 断路器改为热备用后,10kV 母分对 10kV Ⅰ段母线进行试送时监控席调控员发现监控系统推送"C 变电站 L2 线事故跳闸"等信息,此时 A 变电站全停。后 A 变电站运维人员汇报 A 变电站 10kV 断路器室内有放电声,并有烟雾。

A 变电站运维人员拉开 10kV 母分断路器后,C 变电站 L2 线试送成功,A 变电站恢复供电。

经排查发现 A 变电站整站直流存在缺陷,隔离 L3 线故障后,A 变电站 L1 线、1 号主变、10kV Ⅰ段母线恢复正常运行方式。

3.5.5 总结

1. 事故原因

故障发生时,A 变电站 10kV Ⅰ段母线电压急剧沉降,站用电源系统无法进行正常供电,同时 A 变电站直流蓄电池组中第 45 节蓄电池由于开路导致整组蓄电池组无法对保护装置进行正常供电,以至于故障发生时 A 变电站整站直流消失,保护拒动,只能由 B 变电站 L1 线越级跳闸切除故障。

2. 暴露问题

(1)A 变电站蓄电池组为某厂家 2012~2015 年生产批次的隐患设备。从解体结果看，按蓄电池 10 年寿命分析，该组蓄电池存在酸性电解液不足、负极汇流排材料不足等问题。

（2）蓄电池日常电压测量针对电池内部故障判断有效性不佳。

（3）故障时运行人员对直流信号分析判断能力不够。

（4）电池核对性充放电试验上次试验时间为 2018 年 3 月 13 日，间隔已超过 1 年时间。

3. 改进措施

（1）严格落实变电设备反事故措施关于交直流电源工作的各项要求，投运 4 年及以上的蓄电池组，要每季度做蓄电池内阻测试、直流带载试验，发现问题的蓄电池应立即进行处理。

（2）迎峰度夏前开展变电站站用电专项隐患排查及检测工作，重点排查直流屏交流切换受直流电源控制、直流负荷直挂母线、监控主机告警信息无失电存储功能等方面的问题。

（3）进一步完善蓄电池脱离母线监测、防开路措施，及时消除直流接地缺陷隐患。

（4）针对性优化调整蓄电池组日常巡视、检测周期及策略，降低电压测量频度，明确蓄电池内阻测试、带载能力有效性检测分工及周期，提升各项日常运维措施的有效性。

（5）探索直流系统在线监测、防开路续流二极管等先进技术应用，讨论确定变电站直流系统在线监测技术方案，尽快完成建设，进一步提升站用电系统管控能力。

3.6　110kV 主变差动保护装置异常引起差动保护误动

3.6.1　概要

2018 年 11 月 13 日 9 时 2 分，110kV A 变电站 L2 线断路器异常分闸，造成110kV备用电源自动投入装置动作。2018年12月15日0时4分，2019年1月2日19时26分，110kV A变电站2号主变差动保护装置异常，2号主变10kV断路器未按保护动作逻辑跳闸，同时10kV母分备自投装置老旧，不具备主动联跳2号主变10kV断路器功能，造成2号主变及10kV Ⅱ、Ⅲ段母线失电。

3.6.2 故障前运行方式

110kV A变电站：典型内桥接线，L1线送1号主变，L2线送2号主变，110kV母分断路器热备用、备自投装置投入，10kV母分断路器热备用、备自投装置投入。故障前A变电站主接线如图3-7所示。

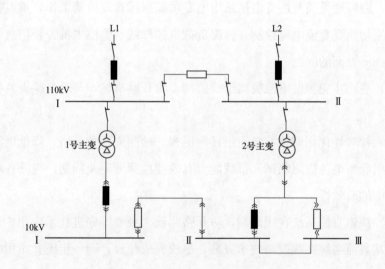

图3-7 故障前A变电站主接线图

3.6.3 故障概况

2018年11月13日9时2分，110kV A变电站L2线断路器异常分闸，A变电站110kV备自投装置动作，合上110kV母分断路器，未失电。

2018年12月15日0时4分，110kV A变电站2号主变差动保护动作，跳开 L2 线断路器，闭锁 110kV 母分备自投装置，2 号主变 10kV 断路器未跳闸，10kV 母分备自投装置未动作，10kV Ⅱ、Ⅲ段母线失电。

2019 年 1 月 2 日 19 时 26 分，110kV A 变电站 2 号主变差动保护动作，跳开 L2 线断路器，闭锁 110kV 母分备自投装置，2 号主变 10kV 断路器未跳闸，10kV 母分备自投装置未动作，10kV Ⅱ、Ⅲ段母线失电。

3.6.4 处置过程

2018 年 11 月 13 日 9 时 2 分，监控席调控员发现监控系统推送"A 变 110kV 备自投装置动作""A 变 L2 线断路器分位""A 变 110kV 母分断路器合位"等信息，同时通过监控系统发现 220kV B 变电站 L2 线仍在运行状态。调控员第一时间通知运维班人员至现场检查并将上述情况汇报调控值长。

由于该故障未造成失电影响，同时跳闸情况异常，检修人员到场后对 A 变电站 L2 线断路器，110kV 母分备自投装置进行检查试验，跳闸均未复现。11 月 16 日 21 时 25 分，A 变电站检查完毕后恢复正常运行。

2018 年 12 月 15 日 0 时 4 分，监控席调控员发现监控系统推送"A 变 L2 线断路器分位"等信息，同时通过监控系统发现 A 变电站 2 号主变 10kV 断路器仍在运行状态、10kV Ⅱ、Ⅲ段母线失电。调控员第一时间通知运维班人员至现场检查并将上述情况汇报调控值长。

调控值长立即启动事故应急响应预案，发送事故汇报短信，组织值内调控员有序地开展故障录波文件远程调取、工业视频系统检查、故障点判定、制订事故处置方案等各项工作。

调控员故障处置思路：

（1）A 变电站无其他任何告警信息，仅 L2 线断路器分闸，第一时间联想到 2018 年 11 月 13 日发生的类似故障。

（2）调取 220kV B 变电站 L2 线故障录波，查看是否存在故障电流，若存在，说明存在故障点；若不存在，可推断 A 变电站断路器存在偷跳或者保护误动可能。

（3）110kV A 变电站无任何保护动作信息，只有 2 号主变差动保护装置异常，调度员一般认为 2 号主变 110kV 侧电压失去引起装置告警。

依据故障录波文件远程调取及工业视频系统检查分析得出结果：110kV A 变电站 2 号主变差动保护范围内无故障电流，监控系统无保护动作信息，怀疑保护装置误动可能性较大。

A 变电站 2 号主变 10kV 断路器改热备用，通过 10kV 母分对 10kV Ⅱ、Ⅲ 段母线试送成功。现场运行人员检查系 2 号主变 10kV 侧采样板异常，更换整套保护装置，恢复正常方式。

2019 年 1 月 2 日 19 时 26 分，监控席调控员发现监控系统推送 A 变电站 L2 线断路器分位等信息，同时通过监控系统发现 A 变电站 2 号主变 10kV 断路器仍在运行状态、10kV Ⅱ、Ⅲ 段母线失电。调控员第一时间通知运维班人员至现场检查并将上述情况汇报调控值长。

鉴于 A 变电站连续发生主变保护（ABB 老旧保护）误动事件，专业考虑立即更换主变保护；由于保护信息上送不全，后续安排整站综自改造，防止类似问题再次发生。

3.6.5 总结

1. 事故原因

第一次事故：根据现场一、二次设备检查情况，未发现 A 变电站 L2 线断路器异常分闸的直接原因，无法重现 L2 线断路器异常分闸现象，但是也无法排除强电磁干扰、外部异常干扰（大型施工机械频繁经过）等因素引起各装置、继电器、回路中接点抖动导致断路器异常分闸的可能性。

第二、三次事故：A 变电站 2 号主变 10kV 分支电流采样值存在采样点丢失、波形严重畸变的情况。2 号主变差动保护动作跳闸的原因为保护装置程序异常，导致主变低压侧Ⅱ、Ⅲ段断路器电流采样异常畸变，差流增大达到动作值；同时，异常分闸脉冲持续时间为 13ms，明显低于主变 10kV 断路器分闸时宽（25ms），导致仅开放主变高压侧断路器出口跳闸。

2. 暴露问题

（1）A 变电站 L2 线 ABB 测控装置 REC316 型号较老，装置内部存储信息量过小，无法保存足够的故障信息。

（2）A 变电站的变电站综合自动化系统运行年限均超过 14 年，装置缺陷逐年增加，消缺维护对厂家依赖性较大。

（3）RTE-316 型主变差动保护装置存在严重程序异常导致差动保护异常跳闸。

（4）进口保护装置人机界面不友好，运行可靠性低，备品备件采购困难，厂商的售后服务能力明显下降。

（5）通信插件故障导致差动保护信号未上传 D5000 监控后台，影响事故判断。

3. 改进措施

（1）推进 110kV 变电站加装故障录波器工作，加强对保护动作信息的记录收集。

（2）加快完成相关二次设备国产化改造，完善保护装置上送 D5000 信息。

（3）检修单位开展同型号保护测控装置专项巡视，对检修超周期设备尽快安排校验。

第4章 其他类型故障

4.1 操作前未仔细核实异常信号导致主变跳闸

4.1.1 概要

2018 年 8 月 1 日 10 时 22 分，110kV A 变电站开展 1 号主变有载断路器在线滤油装置更换滤芯工作，工作结束在复役过程中引起有载重瓦斯保护动作，造成 1 号主变失电。

4.1.2 故障前运行方式

110kV A 变电站，采用典型内桥接线，L1 线送 1 号主变，L2 线送 2 号主变，110kV 母分断路器热备用、备自投装置投入；35kV 单母线分段接线，35kV 母分断路器热备用、备自投装置投入；10kV 单母线分段接线，10kV 母分断路器热备用、备自投装置投入。故障前 A 变电站主接线如图 4-1 所示。

4.1.3 故障概况

2018 年 8 月 1 日 10 时 22 分，110kV A 变电站 1 号主变有载重瓦斯保护动作，L1 线断路器，1 号主变 35kV、10kV 断路器跳闸，10kV 母分备自投装置动作正确，合上 10kV 母分断路器，未损失负荷。

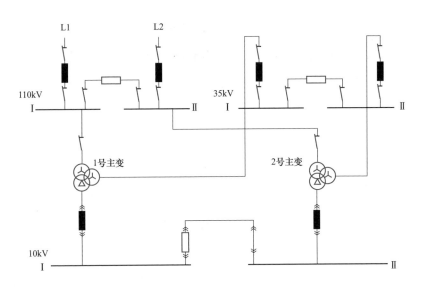

图 4-1　故障前 A 变电站主接线图

4.1.4　处置过程

10 时 22 分，调控员发现监控系统推送"A 变 1 号主变有载重瓦斯保护动作""A 变 L1 线断路器分位""A 变 1 号主变 35kV 断路器分位，1 号主变 10kV 断路器分位""A 变 10kV 母分断路器合位"等信息，同时通过监控系统发现 A 变电站 1 号主变失电。调控员第一时间通知运维班人员至现场检查并将上述情况汇报调控值长。

调控值长立即启动事故应急响应预案，发送事故汇报短信，组织值内调控员有序地开展故障录波文件远程调取、工业视频系统检查、故障点判定、制订事故处置方案等各项工作。

调控员故障处置思路：

（1）A 变电站 1 号主变仅有载重瓦斯保护动作，主变本体重瓦斯及差动保护未动作，基本可以排除主变本体内部故障。

（2）调取 A 变电站故障录波文件发现无故障电流，同时 1 号主变有载分接开关滤芯更换工作刚刚结束，基本可断定工作过程中引起主变有载重瓦斯保护动作，复役时保护未复归，造成主变复役时保护动作。

（3）A变电站现场运维人员汇报因有载滤油机故障引起1号主变有载重瓦斯保护动作，将有载重瓦斯保护复位后，1号主变恢复正常送电。

4.1.5　总结

1. 事故原因

由于A变电站1号主变有载滤油装置进出油阀门长期关闭，在油路不通的情况下长期空滤，使得油路内产生正/负压，本次更换有载分接开关滤心后，在打开进出油管阀门测试滤油机时，有载断路器绝缘油在压力的作用下产生了较大油流，推动瓦斯保护挡板，导致有载重瓦斯动作（此时因有载重瓦斯已改信号，未出口跳闸）。运行人员在进行1号主变有载重瓦斯保护复役过程中未检查遗留告警信号，导致1号主变有载重瓦斯保护动作跳闸。

2. 暴露问题

（1）检修人员技能水平有待提高，对进口特殊型号设备（RS型瓦斯保护，动作后需手动复归）特性不了解。

（2）检修人员对更换滤芯人员施工工艺把关不严，油路中空气未排尽即打开油阀，产生油流造成有载重瓦斯保护动作，又未及时关注和发现，对危险点分析不到位。

（3）运行、检修人员状态交接执行不到位，工作票终结前，未认真核对设备状态和后台信号情况，未发现瓦斯保护的异常状态。

（4）运行人员在复役操作中对保护异常信号检查不到位，未发现有载重瓦斯保护动作的异常信号。

3. 改进措施

（1）暂停后续5台有载分接断路器滤油装置滤芯更换工作，制订后续整改计划。

（2）相关地区变电运行、检修全员停工整顿三天，深入剖析本次跳闸故障原因，反思本次故障造成的严重影响。全员学习规程制度，深度剖析规范细则，真实掌握并严格执行。

（3）开展变电辅助设备（瓦斯保护、在线滤油装置、压力释放阀等）的专项排查工作，核对设备台账及运行状态，对于特殊型号的设备，针对其功能的特殊性对运规、典票进行修订。

（4）组织开展变电运检业务帮扶，第一轮：对各检修专业工作负责人及以上人员开展集中培训，开展变电运维管理督查回头看工作；第二轮：组织检修班组骨干到变电检修室进行为期不少于1个月的跟班学习，组织变电运维室到运维班组进行专项督查和培训。

4.2 保护装置功能压板未正确投入导致停电范围扩大

4.2.1 概要

2018年7月2日21时24分，因220kV A变电站L1线保护装置功能压板未正常投入，在线路发生故障后保护未正常动作，引起A变电站2号主变110kV侧后备保护动作，2号主变110kV断路器跳闸，110kV Ⅱ段母线失电。

4.2.2 故障前运行方式

220kV A变电站，220kV双母线带旁路接线，1、3号主变运行于220kVⅠ母线，2号主变运行于220kVⅡ母线；110kV双母线带旁路接线，1、3号主变送110kVⅠ母线，2号主变送110kVⅡ母线，L1线运行于110kVⅡ母线，110kV母联断路器热备用、备自投自动装置自动投入；35kV单母线分段接线，35kV母分热备用、备自投装置自动投入。故障前A变电站主接线如图4-2所示。

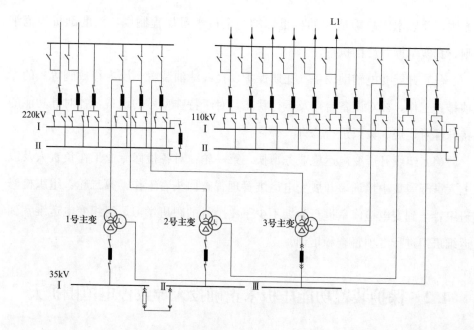

图 4-2　故障前 A 变电站主接线图

4.2.3　故障概况

2018 年 7 月 2 日 21 时 24 分，220kV A 变电站 2 号主变 110kV 后备保护动作，2 号主变 110kV 断路器跳闸，110kV 备自投装置动作合上 110kV 母联断路器，备自投装置后加速动作跳开 110kV 母联断路器，110kV Ⅱ 母线失电；下送 110kV 变电站，B、C 变电站备自投装置动作正确，未损失负荷。

4.2.4　处置过程

21 时 24 分，监控席调控员发现监控系统推送"A 变 2 号主变后备保护动作""A 变 110kV 备自投装置主变过负荷联切装置跳闸""A 变 2 号主变 110kV 断路器分闸""A 变 110kV 母联断路器合闸""A 变 110kV 母联断路器分闸"等信息，同时通过监控系统发现 220kV A 变 110kV Ⅱ 母线失电。调控员第一时间通知运维班人员至现场检查并将上述情况汇报调控值长。

调控值长立即启动事故应急响应预案,发送事故汇报短信,组织值内调控员有序地开展故障录波文件远程调取、工业视频系统检查、故障点判定、制订事故处置方案等各项工作。

调控员故障处置思路:

(1)A变电站2号主变跳闸后,由于并未损失负荷,因此调控员可不必着急恢复主变送电,应先关注2号主变跳闸后,1、3号主变有无超载,系统中有无断面或设备超载,下送110kV变电站备自投装置动作是否正确,有无失电。

(2)2号主变差动保护、110kV母差保护、110kV线路保护均未动作,而且主变220kV断路器、35kV断路器均运行,说明2号主变无故障。此时存在以下可能:110kVⅡ母线故障,母差保护未动;110kV线路故障,线路保护未动。

(3)此时可通过录波来确认,调取A变电站2号主变保护录波,如果录波显示110kVⅡ段母线电压跌至零,可判定为Ⅱ段母线故障,母线保护未动作或线路近区故障,线路保护未动作。若110kV母线电压不为0,可断定A变电站110kVⅡ母线无故障,确认为线路故障引起。

(4)调取A变电站110kV线路故障录波器,查看录波故障电流,即可确认为哪条线故障,经查L1线存在故障电流,断定L1线故障,线路保护未动作或线路断路器拒分。

(5)故障点明确后,可通知现场重点检查L1线保护及断路器。

经现场检查A变电站内L1线保护投入电压互感器未投,其余一、二次设备无明显异常。

将A变电站L1线保护投入压板放上。通过A变电站110kV母联断路器对110kVⅡ段母线试送成功。A变电站2号主变110kV侧改运行,110kV母联断路器改为热备用、备自投装置改为跳闸,恢复正常方式。将L1线改线路检修处理。

4.2.5 总结

1. 事故原因

此次事故的直接原因是 220kV A 变电站 L1 线保护装置功能压板未正常投入，当 L1 线发生故障，保护拒动造成事故扩大。2 号主变 110kV 后备保护作为 L1 线的后备保护切除故障，导致停电范围扩大。

2. 暴露问题

（1）A 变电站 L1 线保护装置于事故发生前 3 个月开展过检修工作，工作完毕后检修人员未将相关保护功能压板投入。

（2）运维人员未能严格执行工作票验收制度，核实 L1 保护装置功能压板投入情况，并在长达 3 个月的设备定期巡视中也未能发现该隐患。

（3）2 号主变 110kV 后备保护未根据相关要求增加闭锁 110kV 备自投的逻辑。

3. 改进措施

（1）明确运检职责，进一步强化管理保护装置功能压板，制订检修验收指导书，提高运维人员对工作验收的完整度。

（2）开展反措工作，减少备用自投装置合于故障概率。

4.3 待用间隔管控不严，导致现场作业引起 220kV 母线跳闸

4.3.1 概要

2018 年 4 月 5 日 9 时 54 分，220kV A 变电站开展 3 号主变扩建工程。3 月 31 日~4 月 3 日，开展新上 3 号主变 220kV 间隔 GIS 与 220kV Ⅰ 段母线搭接。4 月 5—9 日，开展新上 3 号主变 220kV 间隔 GIS 与 220kV Ⅱ 段母线搭接。4

月 5 日 220kV Ⅱ 线母线改检修后，工作人员在进行 3 号主变 GIS 与 220kV Ⅱ 线母线搭接工作中，引起 220kV 母差动作导致 A 变 10kV 母线全停，损失负荷 12.3MW。

4.3.2　故障前运行方式

220kV A 变电站，220kV 双母线接线，220kV Ⅰ 段母线运行，220kV Ⅱ 段母线检修；110kV 双母线接线，1、2 号主变送 110kV Ⅱ 段母线，220kV B 变电站 L1 线转送 110kV Ⅰ 段母线及其上出线 L2；10kV 单母分接线，10kV 母分热备用、备自投装置投入。故障前 A 变电站主接线如图 4-3 所示。故障前 A 变电站局部区域潮流接线如图 4-4 所示。

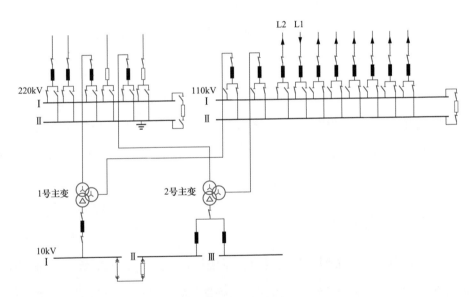

图 4-3　故障前 A 变电站主接线图

4.3.3　故障概况

2018 年 4 月 5 日 9 时 55 分，220kV A 变电站 220kV Ⅰ 母线母差保护动作，跳开 220kV Ⅰ 段母线上所有出线断路器，A 变电站内 220kV Ⅰ 段母线，1

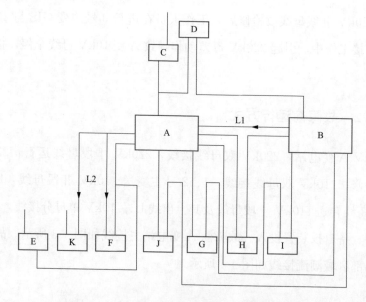

图 4-4　故障前 A 变电站局部区域潮流接线图

A～K—变电站；L1、L2—连接线路

号主变、2 号主变，110kV Ⅱ 段母线，10kV Ⅰ、Ⅱ、Ⅲ 段母线失电，110kV
Ⅰ段母线由 220kV B 变电站的 L1 线送电，未失电；下送 110kV 变电站、C、
D、E、G、H、I、J（地铁变电站）变电站备自投装置动作正确，均未失电，
K、F 变电站有转供线路，未失电。

4.3.4　处置过程

9 时 55 分，监控席调控员发现监控系统推送"A 变 220kV 第一套母差保
护动作""A 变 220kV 第二套母差保护动作""A 变 220kV 出线第一、第二组
出口跳闸"等信息，同时通过监控系统发现 220kV A 变电站除 110kV Ⅰ 段母
线外，均失电。调控员第一时间通知运维班人员至现场检查并将上述情况汇报
调控值长。

调控值长立即启动事故应急响应预案，发送事故汇报短信，组织值内调控
员有序地开展故障录波文件远程调取、工业视频系统检查、故障点判定、制订

事故处置方案等各项工作。

调控员故障处置思路：

（1）220kV A 变电站母差保护动作，无主变保护动作信号，220kV 母线上所有间隔断路器均跳闸，说明故障点就在母线上，主变及出线无故障。

（2）220kV A 变电站为主城区变电站，10kV 母线失电，调控员应优先考虑快速恢复送电：将 A 变电站 1、2 号主变 10kV 断路器拉开，通知配调通过配网自动化系统自行转供。地调考虑从主网恢复供电。

（3）因 220kV A 变电站 220kV Ⅱ母线检修，220kV Ⅰ母故障，且站内为 GIS 设备，短时无法通过 220kV 恢复送电，唯一通道为 220kV B 变电站 L1 线转供通道。

（4）根据调度规程要求，主变通过中压侧送电至低压侧时，主变各侧中性点接地开关应合上。此时，应选择 1 号主变通过 110kV 送 10kV 方式，同时考虑到保转供方式下保护配置。调控值长与继电保护、运行方式人员共同制订了由 1 号主变 110kV 侧向 10kV 侧送电并恢复 10kV 母线供电的方案。该方案仍存在一定问题，因 110kV 母联保护正常方式下为信号（停用）状态，之前通过 110kV 母联对 110kV Ⅱ段母线送电时已存在一定风险，若通过 1 号主变 110kV 侧转送 10kV 侧负荷，故障发生时存在无法快速切除的可能性，以及 220kV B 变电站 L1 线Ⅲ段保护无法延伸至 220kV A 变电站 1 号主变或扩大停电范围的可能性。经过综合考虑，仍然选择以恢复用户供电优先的原则处理故障。

根据监控信号初步判断后地调调控员立刻启动 A 变电站全停处置预案，遥控操作将 220kV A 变电站 1、2 号主变改为热备用。通知配调优先使用配网自动化手段恢复重要用户供电。

遥控操作 220kV A 变电站 110kV 母联断路器改为运行对 110kV Ⅱ段母线送电，送电情况正常，110kV Ⅱ段母线带电。遥控合上 220kV A 变电站 1 号主变 110kV 断路器，1 号主变 10kV 断路器，对 10kV Ⅰ母线送电，告知配调，要求其立即恢复 A 变电站站用电。

配调遥控合上 10kV 1 号母分断路器，A 变电站 10kV Ⅱ、Ⅲ段母线恢复送电。下送重要用户地铁变电 J 110kV 系统恢复正常供电方式。

至此，220kV A 变电站下送重要用户已全部恢复供电及正常供电方式。

省调将 A 变电站 220kV Ⅱ段母线相关工作全部收回。A 变电站汇报省调确认 220kV 母线相关故障已隔离，A 变电站 220kV Ⅱ段母线冲击正常后恢复至故障前运行方式。A 变电站下送 110kV 变电站：C～I 变电站全部恢复至正常供电方式。

4.3.5 总结

1. 事故原因

事故发生当天，A 变电站正在进行 3 号主变扩建配套工作。3 号主变 220kV 间隔和原 220kV 运行间隔之间预装了一个 220kV 待用间隔，该间隔内Ⅰ、Ⅱ段母线隔离开关均处于合闸位置，导致Ⅱ段母线筒体导电部分带电。作业人员未对工作所需安全措施进行认真核对，开展该待用间隔Ⅱ段母线筒体气体回收时。在空间隔Ⅱ段母线筒体气压降低后，引起筒内绝缘裕度不足，导致三相闪络故障，引起 220kV Ⅰ段母线差保护动作。

2. 暴露问题

（1）220kV A 变电站 3 号主变扩建过程中，运检单位参与项目可研初设、图纸审查、施工方案交底等深度不够，未能发现工程资料与现场实际脱节的情况，导致待用间隔风险未能及时识别和预控。

（2）220kV 母线搭接工作中，施工单位工作负责人未交底备用空间隔及内部设备情况，运维单位工作许可人也未能发现现场设备与工作票所列工作内容不一致，导致该待用间隔内隔离开关状态异常情况（Ⅰ、Ⅱ段母线隔离开关合闸状态）未能及时发现。

（3）运维人员对 GIS 设备结构、原理、布置方式及检修注意事项不熟悉，误认为该空间隔为新扩 3 号主变间隔和运行母线之间的连接母线段，造成对

GIS 备用空间隔内部是否安装隔离开关判断不准确。

3. 改进措施

（1）加强设备主人对新建、改扩建工程全过程管控，深度参与项目可研、初设、图纸审查等前期阶段，重点做好与带电设备搭接等关键环节管控；严格落实现场设备状态交接管理，双方以现场实际设备为准核实工作票所列工作范围；提升一线运维人员技能水平，组织运维人员 GIS 设备专项技术培训。

（2）严格按照文件要求落实改扩建工程中"待用间隔"管理；全面排查在运变电站"待用间隔"管理问题，组织各运维单位开展在运变电站待用间隔排查工作，全面开展"待用间隔"相关管理要求培训学习；建议新上待用间隔一、二次设备应同步设计和建设，确保该间隔的控制、监视、操作及防误回路等一次性建设并同步投产。

（3）继续做好计划检修工作前的事故预案编制工作，注重预案编制细节，确保预案可实施性。发生停电事故后，应优先选用遥控的手段，减少不必要的操作，以安全为首要目标，简洁快速恢复用户供电。

（4）以事故案例为基础，推进继电保护在多种方式下的配置，权衡利弊，进一步优化强化电网。

参 考 文 献

[1] 国网浙江省电力有限公司. 浙江省电力系统调度控制管理规程. 北京：中国电力出版社，2018.

[2] 张全元. 变电运行现场技术问答. 3 版. 北京：中国电力出版社，2016.

[3] 刘宏新. 变电站监控信息释义手册. 北京：中国电力出版社，2015.

[4] 辛建波. 智能变电站警报处理与故障诊断. 北京：中国电力出版社，2016.

[5] 国网浙江省电力公司. 国网企业员工安全技术等级培训系列教材　电网调控. 北京：中国电力出版社，2016.

[6] 国家电网公司人力资源部. 国家电网公司生产技能人员职业能力培训教材　电力系统（分析）. 北京：中国电力出版社，2010.

[7] 国家电力调度控制中心. 电网调控运行人员使用手册. 北京：中国电力出版社，2013.

[8] 国家电网公司人力资源部. 国家电网公司生产技能人员职业能力培训通用教材　变电运行（220kV）. 北京：中国电力出版社，2010.